Bibliografische Information der Deutschen Nationalbibliothek:

Die Deutsche Bibliothek verzeichnet diese Publikation in der Deutschen Nationalbibliografie; detaillierte bibliografische Daten sind im Internet über http://dnb.d-nb.de/ abrufbar.

Impressum:

Druck und Bindung: Books on Demand GmbH, Norderstedt Germany
ISBN: 9783346019615

Dieses Buch bei GRIN:

https://www.grin.com/document/495932

Peter Ernst Schöbel

Einsatz von Supraleitern in Elektroenergiesystemen

GRIN Verlag

Studienarbeit II

Einsatz von Supraleitern in Elektroenergiesystemen

Name, Vorname:	Schöbel, Peter Ernst
Hochschule:	Hochschule für Wirtschaft und Recht Berlin
Vorgelegt:	20.02.2019
Studienjahrgang:	IE 2016 – 5. Semester
Fachbereich:	Duales Studium Wirtschaft • Technik
Studiengang:	Industrielle Elektrotechnik

Kurzfassung der Studienarbeit II

Die vorliegende Studienarbeit II mit dem Thema "Einsatz von Supraleitern in Elektroenergiesystemen" widmet sich der Frage nach der effizienten Einsatzmöglichkeit von Supraleitern in der Energiewirtschaft. Die derzeitig deutschlandweite Energieübertragung erfolgt mittels metallischer Leitern, deren Leitungswiderstand mit zunehmender Länge steigt und somit zu einer Begrenzung der zu übertragenden Leistung führt. Supraleiter sind metallische Leiter, dessen spezifischer, elektrischer Widerstand unter bestimmten Voraussetzungen auf Null abfällt. Supraleiter können annähernd verlustlose Energieübertragungen ermöglichen. In dieser Arbeit werden zunächst die wesentlichen theoretischen Grundlagen der Supraleitung herausgearbeitet. Dabei kristallisieren sich Supraleiter zweier Kategorien heraus. Supraleiter der Kategorie I, welche nur reine Elemente wie Quecksilber sein können, verbannen durch den Meissner-Ochsenfeld-Effekt Magnetfelder aus dem Leiterinneren und wirken wie ein perfekter Diamagnet. Beim Überschreiten einer bestimmten Stromdichte (J_C) im Leiter, ab einer bestimmten Stärke eines von außen angelegten Magnetfeldes (H_C) und ab Überschreiten einer Grenztemperatur (T_C) bricht die supraleitende Fähigkeit zusammen. Elemente mit metallischen Legierungen bilden Supraleiter des Typs II. Diese Kategorie besitzt eine Übergangsphase, welche eine Aufrechterhaltung der supraleitenden Eigenschaft bei noch höheren Stromdichten ermöglicht. Diese Übergangsphase kann durch gezielte Verunreinigungen der Gitterstrukturen erweitert werden. Durch die Vergrößerung der Übergangsphase entsteht ein sogenannter Hochtemperatursupraleiter der ersten Generation. Diese Generation ermöglicht eine Energieübertragung von Stromdichten, mit dessen Hilfe zahlreiche Haushalte versorgt werden könnten. Vor der Entdeckung der Hochtemperatursupraleiter musste das teure Kühlmedium Helium bei Elementen oder Verbindungen mit supraleitenden Eigenschaften verwendet werden. Der Supraleiter muss hierbei nahezu auf den absoluten Nullpunkt heruntergekühlt werden. Seit der Entdeckung der Hochtemperatursupraleiter ist eine Kühlung mit Stickstoff möglich, denn aufgrund der geänderten Gitterstrukturen tritt die supraleitende Eigenschaft bereits bei 77 K (-196,15 °C) ein. Somit erschließt sich eine wirtschaftliche Nutzung im energiewirtschaftlichen Sektor. Verbesserte Verfahren zur Herstellung von Hochtemperatursupraleitern sorgen für die Schaffung der zweiten Generation und von noch geringeren kritischen Temperaturen von bis zu 130 K, die des Yttrium-Barium- Kupferoxids (YBCO Verbindung). Ein einzelnes hochtemperatursupraleitendes Energiekabel der zweiten Generation ersetzt fünf 10 kV-Energiekabelsysteme mit Kupferleitern, da es über das Hundertfache an Stromdichten innerhalb einer Spannungsebene übertragen kann. Fortführend werden in dieser Arbeit die für den Einsatz im Elektroenergiesystem wichtigsten Komponenten der Supraleitung wie supraleitende Kabel, Endverschlüsse, Kühlanlage und supraleitende Strombegrenzer, thematisiert und deren Funktion erklärt. Ergebnisse von Machbarkeitsstudien und Projekten wie „AmpaCity" ergeben, dass bereits jetzt schon der reguläre Einsatz von Supraleitern in Elektroenergiesystemen möglich ist.

Abkürzungsverzeichnis

Abkürzung	Bedeutung
DB	Konzern Deutsche Bahn AG
EMV	Elektromagnetische Verträglichkeit
EVU	Elektroversorgungsunternehmen
EZVA	Elektrische Zugvorheizanlage
FL	Flussschläuche
GW	Gleichrichterwerk speziell Hamburg
He	Element Helium
Hg	Element Quecksilber
HTS	Hochtemperatursupraleiter
KIT	Karlsruher Institut für Technologie
k	Impuls eines Elektrons
K	Gesamtimpuls
LN_2	Flüssiger Stickstoff
LHe	Flüssiges Helium
LS	Leistungsschalter
L_S	Induktivität des Strompfades
L_{Sh}	Induktivität des Shunts
L_{SCFL}	Induktivität des Strombegrenzers
T_M	Matrixtemperatur
M-I-M	Metall-Isolator-Metall Anordnung
M-I-S	Metall-Isolator-Supraleiter Anordnung
PSE	Periodensystem der Elemente
P_{zu}	zugeführte Leistung, Energie
P_{ab}	abgeführte Leistung, Energie
P_W	Wirkleistung
R_S	Widerstand des Strompfades
R_{Sh}	Widerstand des Shunts
R_{SCFL}	Widerstand des Strombegrenzers
Spasi	Spannungsdurchschlagssicherung
SFCL	Superconducting Fault Current Limiter
SL	Supraleiter
S-I-S	Supraleiter-Isolator-Supraleiter Anordnung
TTS	Tieftemperatursupraleiter
U_N	Netzspannung, Nennspannung
WEA	Windenergieanlage
WW	Wechselwirkung
YBCO	Yttrium-Barium-Kupferoxid
H	Wirkungsgrad
θ	Verkippungswinkel
2Δ	Energielücke

Hinweis: Begriffe, die mit einer Zahl versehen sind werden im Glossar erklärt. Das Glossar befindet sich in den Anlagen.

Formelverzeichnis

Physikalische Größe	Formelzeichen	Bedeutung	SI-Einheit
Abstand	r	Meter	*m*
Drehachse, Wellenvektor	K	-	-
elektrischer Leitwert	S	Siemens	*A/V*
elektrische Leistung	P	Watt	*W*
elektrische Spannung	U	Spannung	*V*
elektrischer Strom	I	Ampere	*A*
Frequenz	f	-	*Hz*
Konstante Elementarladung	e	Coulomb	*C*
Kreisfrequenz	ω	-	*1/s*
Geschwindigkeitsvektor	$\vec{v}$	-	*m/s*
Impuls	P	-	*Ns*
Impedanz	$\underline{Z}$	Ohm	*Ω*
Josephson O. Suprastrom	I_s	Ampere	*A*
Kraft	F	Newton	*N*
Kohärenzlänge	ε_{gl}	Millimeter	*mm*
kritisches Magnetfeld	H_C	Henry	*Ωs*
kritische Stromdichte	J_C	-	A/mm^2
kritische Temperatur	T_C	Kelvin	*K*
Längeneinheit	M	Meter	*M*
Ladung	Q	-	*As*
Leistungsfaktor	cos φ	-	-
Lorentzkraft	F_L	Newton	*N*
magnetische Eindringtiefe	λ_m	-	*T/mm*
magnetischer Fluss	ϕ	Voltsekunde	*Vs*
magnetische Flussdichte	B	Tesla	*T*
Netzperiode	T	Sekunden	*s*
Planck'sches Wirkungsquantum	h	-	-
Temperatureinheit	T	Grad Celsius	*°C*
Temperatureinheit	T	Kelvin	*K*
Subtransienter Kurzschlussstrom	I''_k	Ampere	*A*
Spannung	U	Volt	*V*
Scheinleistung	S	-	[*VA*]

Inhaltsverzeichnis

Abbildungsverzeichnis

1. Einleitung

Wegen des weltweit zunehmenden Energiebedarfs durch Wirtschaftswachstum steigt die Forderung nach der Erhöhung des Anteils einer umweltfreundlichen Lösung der Energieversorgung. Durch die Umsetzung des Ausbaus regenerativer Energiequellen wird dieser Forderung bereits in der Bundesrepublik Deutschland nachgegangen. Das Ziel der Regierung ist die Reduzierung, später die Unabhängigkeit von fossilen und atomaren Brennstoffen (Kohle-, und Kernkraftwerke) [1]. Einen Teil der Energie wird bei der Energieübertragung mit zunehmender Leitungslänge durch den zunehmenden Leitungs- und Blindwiderstand in Wärme umgewandelt. Die zu übertragende Wirkleistung wird um diese Energie reduziert. Die Lösung für eine effizientere Energieübertragung in Elektroenergiesystemen, aber auch in Bereichen von Elektronikenergiesystemen kann in Zukunft die Technologie der Supraleitung darstellen. Supraleiter sind elektrisch leitende Materialien, deren elektrischer Widerstand ab einer bestimmten Unterschreitung der Temperatur nicht mehr nachweisbar ist. Heike Kamerlingh Onnes, Professor der Experimentalphysik an der Universität Leiden, führte gegen Ende des 19 Jahrhunderts Tieftemperaturexperimente mit Gasen durch. Prof. Onnes gelang es am 10. April 1908 erstmalig das Edelgas Helium (He) zu verflüssigen. Bis zu diesem Zeitpunkt wurde die Temperatur von 4 Kelvin (K), also -269,15 Crad Celsius (°C), mit keinem Verfahren unterschritten. Während der Durchführung weiterer Experimente mit anderen Stoffen entdeckte Prof. Onnes am 08. April 1911, dass bei Quecksilber (Hg) der elektrische Widerstand sprunghaft gegen Null fiel, nachdem er die kritische Temperatur von 4,183 K (Abb. 2.1.2) erreicht. Diese Experimente sind möglich, weil das flüssige He nun als Kühlmittel eingesetzt werden kann. Mit Hg ließen sich zur damaligen Zeit einfach Experimente durchführen, da es in einer bestimmten hochreinen Form hergestellt werden konnte, somit nur geringe Verunreinigungen enthielt und es eine niedrige Schmelztemperatur besitzt. Metalle und Legierungen wie Zinn, Zink, Indium, Blei und Aluminium weisen ab der Unterschreitung einer T_C ebenfalls supraleitende Eigenschaften auf. Diese Materialien zählen zu den ersten entdeckten Supraleitern. Prof. Onnes widmete sich nach dieser Entdeckung der Frage nach dem Einsatz von Supraleitern in der Energiewirtschaft. Kann Energie verlustfrei transportiert werden? Es existiert ein kritisches Magnetfeld. Je größer der Strom im Leiter, umso größer das magnetische Feld, denn der Strom besitzt ein Eigenfeld. Wird das kritische Magnetfeld jedoch überschritten, so verschwindet die supraleitende Eigenschaft des jeweiligen Metalls. Demnach wird die zu transportierende Stromstärke durch das resultierende Eigenmagnetfeld begrenzt, wenn dieses H_C überschreitet. Des Weiteren entdeckte Kamerlingh Onnes, dass es auch eine kritische elektrische Stromdichte gibt. Zusammengefasst bedeutet das, dass eine supraleitende Eigenschaft des entsprechenden Materials nur besteht, wenn die kritische Temperatur, das kritische Magnetfeld und die kritische elektrische Stromdichte nicht überschritten werden [2: S.1ff ,3 ,4: S.115-118] (Abb. 2.1.3). Ein Durchbruch in der Forschung der Supraleiter ereignete sich im Jahre 1986, als Johannes G. Bednorz zusammen mit Karl A. Müller die Hochtemperatur-Supraleitung (HTS) entdeckten. Das führte nun wenig später zu einem technisch möglichen Einsatz von Supraleitern oberhalb einer T_C von 130 K (-143,15 °C). Helium als Kühlmittel kann nun durch flüssigen Stickstoff, einer günstigeren Alternative ersetzt werden [4: S.149f].

2. Grundlagen der Supraleitung

Um das Phänomen der Supraleitung zu erklären ist ein kurzer Rückblick zu den Vorgängen im inneren eines metallischen Normalleiters notwendig.

Normalleiter vs. Supraleiter

Bei einem metallischen Normalleiter sorgen die Anzahl und die Dichte [1]delokalisierter Valenzelektronen im Atomgitter (Abb. 2.1.4) mitunter für die Leitfähigkeit. Die Valenzelektronen sind freie Ladungsträger, die sich an Atombindungen beteiligen können. Die Atomrümpfe im Gitter sind stationär [5: S.14]. Der elektrische Widerstand resultiert aus dem Ereignis, dass diese Atomrümpfe bei Normtemperatur um ihren stationären Ort schwingen, Valenzelektronen an ihnen kollidieren, abgebremst werden und hierdurch kinetische Energie in Wärme umgewandelt wird. Je kühler ein Material ist, desto weniger schwingen die Atomrümpfe um ihren stationären Punkt. Da die Wahrscheinlichkeit von Kollisionen mit den Rümpfen sinkt, reduziert sich somit auch der elektrische Widerstand. Ein Material gilt als leitfähig, wenn dieses eine Leitfähigkeit größer 10^6 S/m aufweist. Hierbei wird aus der SI-Einheit S für Siemens die Leitfähigkeit und m für Meter abgeleitet. Geht der elektrische Widerstand (R) gegen Null so entsteht eine nahezu unendliche Leitfähigkeit, die Supraleitung (Gl. 2.1.1). Warum der Widerstand unmessbar klein wird, erklärt annähernd die BSC-Theorie des Kapitels 2.2 [6, 5: S. 13] (Abb.2.1.2):

$$S = \frac{A}{V} = \lim_{R \to 0} \frac{U/R}{R \cdot I} \approx \frac{U}{0} \approx \infty \qquad \text{Gl. 2.1.1}$$

Nachdem 1911 die Supraleitung von Onnes entdeckt wird, fingen Wissenschaftler weltweit an sich mit diesem Themengebiet verstärkt auseinanderzusetzen.

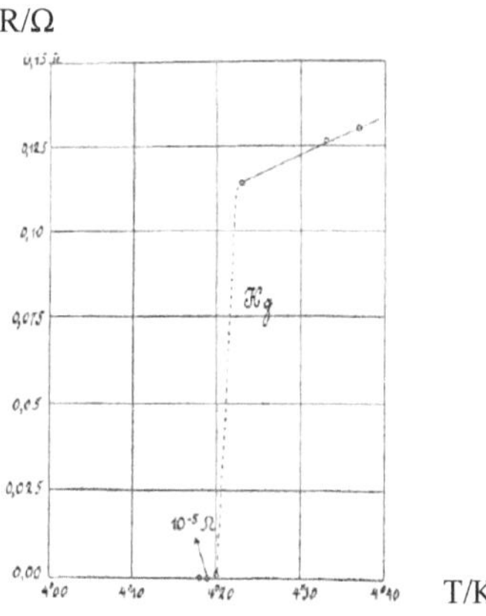

Abb. 2.1.2: Widerstandsverhalten von Quecksilber bei Veränderung der Temperatur. Ergebnisse von Prof. Kamerlingh Onnes [2: S.3].

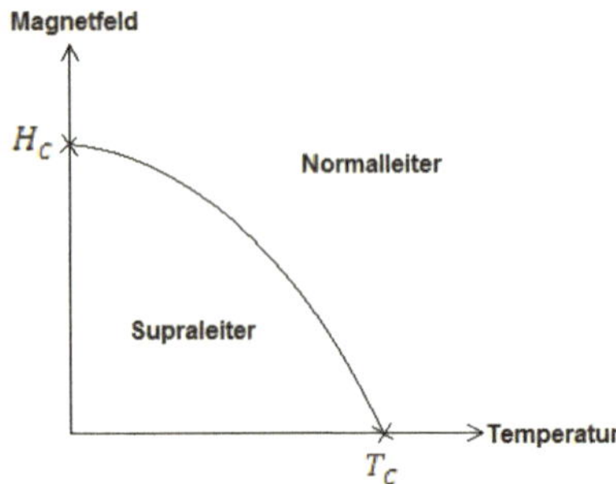

Abb. 2.1.3: schematische Darstellung der Abhängigkeit des Supraleiters der Temperatur vom Magnetfeld (eigene Darstellung, anlehnend an [2: S.3]).

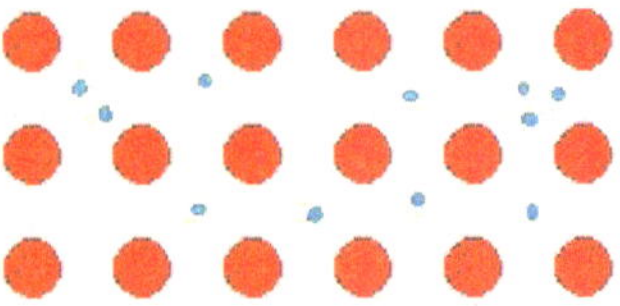

Abb. 2.1.4: Atomgitter mit positiven Atomrümpfen (rot) und delokalisierten Valenzelektronen negativ geladen (blau), schematisch (eigene Darstellung, anlehnend an [5: S.14]).

2.1 Meissner-Ochsenfeld-Effekt

Im Jahre 1933 wurden Walther Meissner und dessen Gehilfe Robert Ochsenfeld damit beauftragt, ein angelegtes Magnetfeld nahe der Oberfläche eines supraleitenden Materials zu messen. Der Übergang vom leitenden in den supraleitenden Zustand wird thermodynamisch als Phasenübergang (Abb. 2.1.3) bezeichnet. Die Messung wurde während des Phasenübergangs durchgeführt. Beide beobachteten ein Herausdrängen des Magnetfeldes aus dem Inneren des Supraleiters während des supraleitenden Zustands (Abb. 2.1.5 b). Man spricht hier auch von Diamagnetismus während der Supraleitung. Ein externes Magnetfeld (B) induziert ein im Leiter internes Magnetfeld, welches dem externen B entgegenwirkt. Folglich fließen supraleitende Abschirmströme während des Effekts in der dünnen Oberflächenschicht des Supraleiters, die ursächlich sind, für das entgegenwirkende Magnetfeld und sorgen für eine Magnetfeldkompensation [8].

Der Meissner-Ochsenfeld-Effekt beschreibt den Zustand der Supraleitung als thermodynamisches Gleichgewicht, denn es müssen bestimmte Bedingungen erfüllt sein, damit dieser Effekt entsteht. Die Temperatur muss kleiner als die kritische Temperatur und das Magnetfeld muss kleiner als das kritische Magnetfeld in Anhängigkeit der Temperatur sein. Auch ist die Supraleitung unabhängig von der Richtung. Das heißt, dass dieser Zustand erreicht wird ungeachtet dessen in welcher Reihenfolge die zuvor beschriebenen Bedingungen angewandt werden [2: S.6, 4: S.119-120]. Dieser Effekt macht sich bemerkbar, wenn an einem Stoff im supraleitenden Zustand ein ferromag-

netischer Festkörper aufgelegt wird. Der Festkörper würde vom Supraleiter abgestoßen werden, was als sogenannte Levitation bezeichnet wird (Anlage B.1).
Trotz des Meissner-Ochsenfeld-Effektes kann das externe Magnetfeld geringfügig in die Oberfläche des Supraleiters eindringen. Das oberflächige Eindringen wird als Londonsche magnetische Eindringtiefe (λ_m) definiert. Die supraleitenden Abschirmströme können nur eine bestimmte Stromdichthöhe annehmen. Wird hierbei das externe Magnetfeld oder die Stromdichte innerhalb des Leiters zu groß, so dringen die Feldlinien des von außen angelegten Feldes über die λ_m hinaus ein und lassen die Supraleitung zusammenbrechen (Abb. 2.1.5 a) [8: S. 196ff].

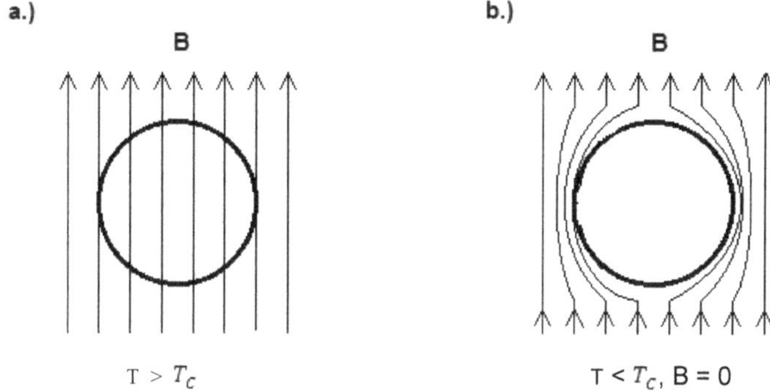

T > T_C T < T_C, B = 0

Abb. 2.1.5: Meissner-Ochsenfeld-Effekt. a.) Kugelförmiger Leiter mit supraleitende Eigenschaft als Normalleiter. b.) Kugelförmiger Leiter mit supraleitende Eigenschaften als Supraleiter (eigene Darstellung, anlehnend an [2: S.6])

2.2 BSC-Theorie

Bis zum Jahre 1957 konnte der Effekt des Supraleitens nicht genau erklärt werden bis John Bardeen, Robert Schrieffer und Leon Cooper die BSC-Theorie aufstellten. Diese Theorie besagt, dass durch die Verzerrung des Kristallgitters, oder auch Atomgitters, die sogenannten "Cooper-Paare entstehen". Ein Atomrumpf besitzt positive Gitterionen, welche mit dem Atomrumpf umso weniger um den stationären Punkt schwingen, je nieder die Temperatur ist. Auch die Elektronen bewegen sich mit abnehmender Temperatur immer langsamer. Ab der kritischen Temperatur eines supraleitenden Materials sind die Elektronen langsam genug, dass das einzelne Elektron die jeweils umliegenden Atomrümpfe, bzw. Ionen des Gitters zu sich verschiebt und somit eine Wellenverzerrung (Phonon) im Gitter erzeugen (Abb. 2.1.6). Durch die Elektron-Phonon-[3]Wechselwirkung der positiv geladenen Ionen mit dem einzelnen Elektron entsteht eine verstärkte positive Ladungsdichte. Hierdurch wirkt eine große Anziehungskraft, die sich auf ein anderes Elektron auswirkt und dieses anzieht. Die Coulomb-Abstoßungskraft (Gl. 2.1.8) beider zueinander negativ geladenen Elektronen wirkt nun nicht mehr, da beide Elektronen eine Wechselwirkung (WW) zueinander erfahren. Die Elektron-Phonon-WW ist somit größer, als die Abstoßungskraft und überkompensiert diese. Es bildet sich aufgrund der Elektron-Elektron-WW ein Cooper-Paar (Abb. 2.1.7a). Da zwei positive Gitterionen vorhanden sind, kann sich nämlich das zweite Elektron dem ersten anheften. Am laufenden Band entstehen und zerfallen nun Cooper-Paare. Das einzelne Cooper-Paar hat eine bestimmte Eigenschaft, welche folgend erklärt wird: Beide Elektronen eines zu bildenden Cooper-Paares haben während des Zusammenstoßes gleichgroße entgegengesetzte Geschwindigkeiten. Somit ergibt sich für den Gesamtimpuls K der Wert 0 (Abb. 2.1.7b) [7,8]:

$$K = k_1 + (-k_2)$$ Gl. 2.1.6

$$F = \text{Konstante} \cdot \frac{Q_1 \cdot Q_2}{r^2}$$ Gl. 2.1.8

Der Wellenvektor (Gl. 2.1.6) des ersten Elektrons sei $+k_1$, während der Wellenvektor des zweiten Elektrons $-k_2$ ist. K stellt hierbei den Gesamtimpuls dar. Das einzelne Elektron ist ein Fermion, d.h. dass ein Elektron laut PSE einen halbzahligen Spin besitzt und nach dem [14]Pauli-Prinzip wirkt. Das Pauli-Prinzip beschreibt die Struktur und den Aufbau eines Atoms [36: S.18]. Laut dem Pauli-Prinzip kann jeder Quantenzustand nur einmal besetzt werden. Bildet sich nun ein Cooper-Paar, so ergibt sich ein ganzzahliger Spin. Der Gesamtspin wird also geradzahlig. Es liegt nun ein Boson vor, das Pauli-Prinzip wird unwirksam. Das Boson vermittelt zwischen beiden Fermionen eine Kraft und hält diese somit zusammen [9]. Alle Cooper-Paare können durch den ganzzahligen Spin nun denselben Quantenzustand einnehmen. Da der Gesamtimpuls K gleich Null ist, ist nun mithilfe der Quantenmechanik und der damit zusammenhängenden Heisenbergsche Unschärferelation die Geschwindigkeit bzw. der Impuls sehr genau bestimmt. Die Unschärferelation besagt, dass einer Materiewelle ([15]Phonon), hier das Elektron, nie gleichzeitig ein Ort und ein Impuls mit beliebiger Genauigkeit zugeordnet werden kann. Jede Verringerung der Unsicherheit bei der Ortsbestimmung eines Teilchens geht zu Lasten der Genauigkeit der Impulsbestimmung und umgekehrt [10]. Da aber der Impuls der Teilchen genau bestimmt ist, ist der Verbleib dieser Teilchen unbestimmt. Daher kann sich das jeweilige Cooper-Paar überall im Supraleiter befinden. Das jeweilige Cooper-Paar breitet sich über tausende der Gitterionen aus. Millionen weitere Cooper-Paare entstehen. Daraus leitet sich eine gemeinsame Wellenfunktion für alle Cooper-Paare, also einen [10]kollektiven Quantenzustand ab (Abb. 2.1.8 a). Anders erklärt: Alle Bosonen teilen sich eine gemeinsame Wellenfunktion [7,2]. Diese Eigenschaft sorgt für einen Energietransport ohne einen elektrisch messbaren Widerstand, da die Gitterionen selbst sind nun Teil des Ladungsträgers; der Cooper-Paare sind. Ein Ladungsträger kann nicht gegen sich selbst „prallen". Eine Vertiefung der Quantenmechanik erfolgt nunmehr nicht.

Zusammenfassend ist bei einem Normalleiter der Impuls der Ladungsträger bei einer Kollision am Atomrumpf des Kristallgitters aufgrund des starken thermischen Schwingens (Phononen) ungleich Null. Verunreinigungen im Metall (Fremdatome) führen ebenso zu Streuungen. Somit wird durch das Abbremsen der Elektronen durch Kollisionen mit den Gitterionen kinetische Energie in Wärme umgewandelt. Somit besteht ein Leitungswiderstand. Während des supraleitenden Zustands bleibt der Gesamtimpuls der Cooper-Paare bei einer Kollision oder auch Streuung untereinander bestehen. Dabei wird die kinetische Energie in keine andere Form umgewandelt und es stellt sich auch kein Leitungswiderstand ein. Die Eigenschaft eines Cooper-Paares besteht nur so lange, wie die Bindung des einzelnen Bosons nicht aufgebrochen wird. Wird die kinetische Energie gleich oder größer der Bindungsenergie der Cooper-Paare, so verändert sich der Gesamtimpuls und die Supraleitung wird unterbrochen.

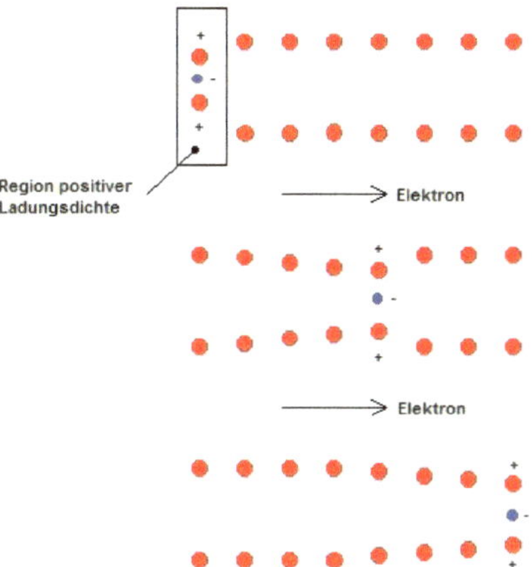

Abb. 2.1.6: Durch ein Elektron erzeugte Verformung des Atomgitters nach Erreichung der kritischen Temperatur, rot: positives Gitterion und blau: negatives Elektron (eigene Darstellung, anlehnend an [8: S.189]).

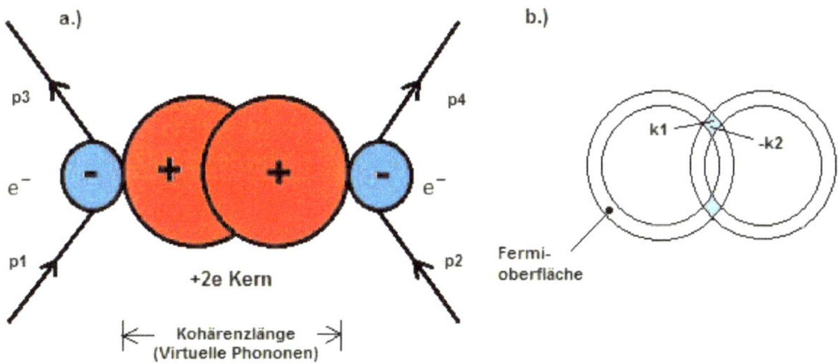

Abb. 2.1.7: a.) schematische Darstellung eines Cooper-Paars mit Phononenkern, b.) Veranschaulichung des Zusammenstoßes zweier Elektronen (eigene Darstellung, anlehnend an [11, 8: S.190]).

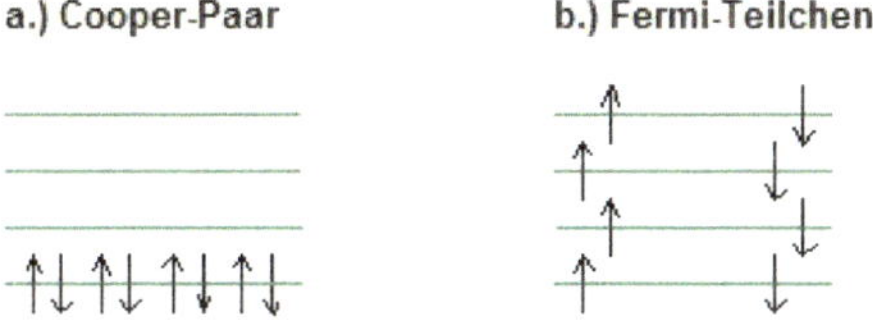

Abb. 2.1.8: a.) Energieband eines Cooper-Paars gleich ein Quantenzustand und Unwirksamkeit des Pauli-Prinzips. b.) Energieband eines Elektrons gleich Wirksamkeit des Pauli-Prinzips (eigene Darstellung, anlehnend an [37]).

2.3 Josephson-Effekt

Schafft man eine Verbindung zweier Materialien und trennt diese durch einen Isolator voneinander, so kommen verschiedene Effekte zum Tragen. Im Folgenden Unterkapitel werden drei Anordnungen zweier miteinander gekoppelter metallische Leiter vorgestellt und deren Verhalten beschrieben. Bei zweien dieser Anordnungen entsteht ein [20]Tunneleffekt und bei der dritten der sogenannte Josephson-Kontakt mit dem daraus resultierenden Josephson-Effekt. Kurz gesagt sei, dass der Josephson-Effekt die quantenmechanische Erscheinung zweier Supraleiter beschreibt, die durch eine dünne isolierende Barriereschicht voneinander getrennt sind. Sofern die Barriereschicht wenige Nanometer beträgt, ist ein Durchtunneln von Cooper-Paaren innerhalb eines Supraleiters zum anderen Supraleiter widerstandslos möglich. Wie in den vorherigen Kapiteln bereits beschrieben, besteht die Ladung zur Übertragung des elektrischen Stromes bei Normalleitern aus einzelnen Elektronen, während die Ladung im supraleitenden Zustand von Cooper-Paaren, also Elektronenpaaren, geprägt ist.

Es gibt den *Metall-Isolator-Metall-Tunneleffekt (M-I-M)*. Dieser besagt, dass Elektronen nicht fließen können, wenn zwischen zwei metallischen Leitern eine dünne, nichtleitende Barriere besteht. Damit Elektronen fließen, oder anders formuliert, die Elektronen diese Barriere durchtunneln können, muss eine Spannung angelegt werden. Man erhält am M-I-M-Übergang einen ohmschen Kontakt, dessen Tunnelstrom linear vom angelegten Potential abhängig ist. Die Anwendung eines solchen ohmschen Kontakts findet sich beispielsweise beim Einsatz von Energiekabeln in Form einer Spannungsdurchschlagssicherung (Spasi). Spasis stellen sicher, dass bei einer einseitigen Erdung des Schirms keine Ströme fließen und ab einer bestimmten Überspannung auf dem Ende des Energiekabels eine Erdverbindung hergestellt wird, sobald eine unzulässige Spannung (Potenzialdifferenz) anliegt. Zweck ist der thermische Schutz des Kabels [8: S.198].

Eine andere Anordnung entspricht der *Metall-Isolator-Supraleiter-Anordnung (M-I-S)*. An der Barriere stehen seitens des Metalls Elektronen und seitens des Stoffes während des supraleitenden Zustands Cooper-Paare an. Am Übergang seitens des Supraleiters entsteht eine Energielücke (2Δ). Dies hat zur Folge, dass die Elektronen aus dem Metall nicht durchgetunnelt werden können. Wird nun eine Energie größer als die halbe Energielücke geteilt durch die Elementarladung (e) angelegt, erhöht sich die Fermienergie der Elektronen im Metall, sodass diese in den Supraleiter tunneln können (Gl. 2.3.1). Die Elementarladung entspricht dabei $1{,}6 \cdot 10^{-19}$Q. Es fließt sofort impulsartig ein großer Tunnelstrom [8: S.199]:

$$E > \frac{\Delta}{e}$$ Gl. 2.3.1

Und zuletzt gibt es die *Supraleiter-Isolator-Supraleiter-Anordnung (S-I-S)*. Der Einsatz eines Normalleiters statt des Isolators hat hierbei denselben Effekt. Bei dieser Anordnung bildet sich der Josephson-Kontakt. Anders als bei der M-I-M- oder M-I-S-Anordnung ist das Anlegen eines Potentials nicht notwendig. Die Cooper-Paare können durch den Isolator oder Normalleiter ungehindert hindurch tunneln (diffundieren). Die Dicke der isolierenden Barriere muss hierfür aber kleiner als die [9]Kohärenzlänge (ε_{Gl}) (Abb. 2.1.7a) sein. Die ε_{Gl} ist der Betrag zwischen beiden Elektronenpaaren, wenn diese ein Cooper-Paar ausbilden. Dieser Bereich ist nicht supraleitend. Die Kohärenzlänge wird durch die Ginzburg-Landau-Theorie näher beschrieben. Diese Theorie ist aber kein Bestandteil dieser Arbeit. Im Inneren eines Supraleiters unterhalb des H_C wird das Magnetfeld, wie bereits erwähnt weiterhin verdrängt [8: S.200].

Legt man an der Barriere nun eine Gleichspannung über einen Vorwiderstand an so fließt ein außen angelegter Gleichstrom. Ist die Energie, also die Spannung multipliziert mit dem Gleichstrom nun größer als die oben genannte Energielücke 2Δ geteilt durch die Elementarladung, so besteht an der Barriere ein Magnetfeld und der I_C wird überschritten [8: S.200]. Die meisten Cooper-Paare an der Barriere werden zerrissen, da die Energie des Magnetfeldes die Bindungsenergie der Cooper-Paare übersteigt. Der Transport erfolgt am Kontakt nun über Cooper-Paare und Einzelelektronen. Innerhalb der Barriere fällt eine Spannung U ab, da die einzelnen Elektronen widerstandsbehaftet sind. Nachdem die Elektronen durch die Barriere diffundiert sind, bilden sie automatisch wieder Cooper-Paare. Die Cooper-Paare lassen sich laut der BSC-Theorie durch eine gemeinsame Wellenfunktion beschreiben. Am Kontakt selbst sind beide Wellenfunktionen (Elektron und Cooper-Paar) durch den Isolator miteinander gekoppelt. Die Phasendifferenz ($\Delta\chi$) beider gekoppelter Wellenfunktionen (Abb. 2.1.8) erhöht sich merklich, nachdem I_C überschritten wurde und es entsteht eine zeitliche Abhängigkeit der Phasen. Die Phasendifferenz ist nach dem Eintritt der Ladungsträger in den Supraleiter nun wieder ausgeglichen, da diese Ladungsträger nicht mehr dem externen Magnetfeld ausgesetzt sind. An der Barriere entsteht somit eine sich ständig ändernde Phasendifferenz $\Delta\chi$. Es entsteht der Josephson-Oszillation-Suprastrom I_S (Gl. 2.3.4). Der einfache Suprastrom I_s besteht auch dann, wenn an der Barriere keine Spannung angelegt wird, jedoch findet keine merkliche Änderung der Phasenlage statt. Die Frequenz wird mit Gl. 2.3.3 beschrieben. In einem Cooper-Paar befinden sich zwei Elektronen, die durch die Elementarladung e beschrieben werden. U entspricht der an der Barriere abfallenden Spannung und $\hbar$ ist das Planck´sche Wirkungsquantum mit $1{,}054 \cdot 10^{-34}$ Js [38]. Ist der von außen angelegte Strom kleiner als I_C, so verschiebt sich die Wellenfunktion, so dass sich an der Barriere ein zeitunabhängiger Stromfluss in eine Richtung bildet. Das ist der Gleichstrom-Josephson-Effekt.

$$f = \frac{2e \cdot U}{\hbar} \qquad \text{Gl. 2.3.3}$$

$$I_S = I_C \cdot \sin \Delta\chi \qquad \text{Gl. 2.3.4}$$

Ein Josephson-Kontakt kann bei Messungen kleinster Magnetfelder (*10^{-18} T*) herangezogen werden. Diesem entspricht eine Größe, kleiner als das Magnetfeld der Erde [2: S.31, 8: 198 ff ,12].

2.4 Klassifizierungen der Supraleiter

Supraleiter können anhand der magnetischen Eigenschaften im Magnetfeld und des Materials kategorisiert werden. Jedes supraleitende Material enthält zwei charakterisierende Werte; die Kohärenzlänge (ε_{gl}) und die Londonsche Eindringtiefe (λ_m). Bei jedem Supraleiter dringt das angelegte, äußere Magnetfeld geringfügig in die Oberfläche des Supraleiters ein. Ein Supraleiter wird dabei in zwei Typen eingeteilt; Supraleiter des Typ I und Supraleiter des Typ II. Der Quotient (κ) der Gleichung (Gl. 2.4.4), welcher sich aus der Division von λ_m und ε_{Gl} bildet, bestimmt die Kategorie des Supraleiters:

$$\kappa = \frac{\lambda_m}{\varepsilon_{Gl}} \qquad \text{Gl. 2.4.4}$$

Ergibt der Quotient der beiden Parameter eines supraleitenden Materials einen Wert von $\kappa < 0{,}71$, so gehört das Material der Supraleitung des Typ I an. Ergibt der Quotient einen Wert $\kappa > 0{,}71$, so gehört das Material der Supraleitung des Typ II an. Bisher ist noch kein supraleitendes Material bekannt, welches einen Wert von $\kappa = 0{,}71$ aufweist. Die Herleitung der Parameter und die der Formel ist nicht Bestandteil dieser Arbeit, aber Bestand der Quelle [2: S.19ff]. Tabelle 2.4.5 zeigt einen Ausschnitt verschiedener supraleitender Materialien mit deren typischen Parametern [8: S. 201f]:

Bemerkung: Konkrete Werte der Stromdichtegrenzen J_c pro Supraleiterklasse sind für diese Arbeit nicht ermittelbar!

Tabelle 2.4.5: Ginzburg-Landau Parameter von Al, Pb, Nb und $YBa_2Cu_3O_{10}$ (Unterkapitel 2.4.2) [8: S. 201f]

Element PES	T_c [K]	λ_m [nm]	ε_{gl} [nm]	κ	Typ Supraleiter
Al	1,2	16	1600	0,01	1
Pb	7,2	37	83	0,45	1
Nb	9,3	39	38	1,03	2
$YBa_2Cu_3O_{10}$	93	1500	15	100	2, Harter SL

2.4.1 Supraleiter Typ I

Für λ_m / ε_{Gl} < 0,71 besitzt ein supraleitendes Material die Eigenschaften des Supraleiters Typ I. Der Supraleiter wirkt wie ein perfekter Diamagnet. Das heißt, dass beim Anlegen eines äußeren Magnetfelds im Supraleiter Abschirmströme angeregt werden, die dem äußeren Magnetfeld entgegenwirken und somit ergibt die Summe der Felder im Supraleiter Null (Abb. 2.1.5b). Geringfügig tritt aber das äußere Magnetfeld durch λ_m in die Oberfläche des Supraleiters ein. Wird das von außen angelegte Magnetfeld zu stark, so dringt es ab B_c sofort komplett in den Supraleiter ein. Die Summe der Felder im inneren des Supraleiters ist nicht mehr Null (Abb. 4.4.6). Die Magnetisierung des Supraleiters steigt also linear mit dem Außenfeld an. Im Supraleiter Typ I wirkt also der Meissner-Ochsenfeld-Effekt, welcher bereits in Kapitel 2.1 erläutert wurde. Jeder Supraleiter des Typ I lässt sich durch eine bestimmte Legierung zu einem Typ II überführen, denn nur reine Elemente können Supraleiter des Typ I sein, da diese nahezu keine Verunreinigungen aufweisen [13: S.29, 8: S.201f + 206].

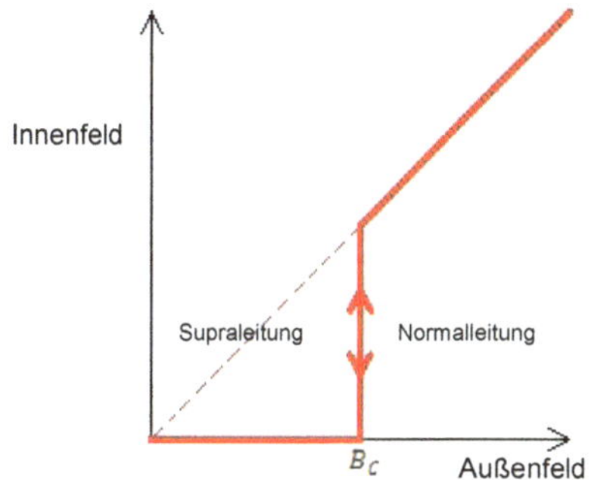

Abb. 4.4.6: Abhängigkeit inneres Magnetfeld vom äußeren Magnetfeld eines Supraleiters (eigene Darstellung, anlehnend an [8: S.202]).

2.4.2 Supraleiter Typ II

Für λ_m / ε_{Gl} > 0,71 besitzt ein supraleitendes Material die Eigenschaft des Supraleiters Typ II. Supraleiter des Typ II sind dem Typ I solange identisch, solange B < B_C. Es existieren nun zwei kritische Sprungschichten, die magnetischen Flussdichten, B_{C1} und B_{C2} (Abb. 4.4.7). Wird nun ein äußeres Magnetfeld angelegt, so wirkt der Meissner-Ochsenfeld-Effekt bis zur ersten kritischen magnetischen Flussdichte B_{C1}. Das Magnetfeld im Supraleiter wird bis dahin erfolgreich kompensiert. Ab B_{C1} dringt das Magnetfeld allerdings mehr und mehr in die Oberfläche des Supraleiters ein, bis ab der zweiten kritischen Flussdichte B_{C2} das Magnetfeld vollständig eingedrungen ist. Es besteht somit wieder eine Normalleitung. Der Leitungswiderstand ist wieder messbar. Der Übergang zwischen dem Meissner-Effekt und der Normalleitung wird als Shubnikov-Phase bezeichnet. Während der Shubnikov-Phase dringt das äußere Magnetfeld in Form von Flussquanten oder auch "Flussschläuchen (FL)" (Abb. 4.4.10) in den Supraleiter ein. Der Durchmesser der einzelnen Flussquanten entspricht der Kohärenzlänge (Abb. 4.4.8). In einem hexagonalen Gitter herrscht im allgemeinen die größte Dichte, die [4]Enthalpie ist somit minimal. Die Flussquanten ordnen sich demnach hexagonal über die ganze Fläche des Supraleiters an, denn zwischen den einzelnen Flussquanten wirkt eine abstoßende Wechselwirkung. Alle Flussquanten haben den gleichen magnetischen Fluss ϕ. Abbildung 4.4.8 zeigt die nähere Betrachtung zweier Flussquanten und deren Verhalten. Innerhalb der Singularität eines Flussschlauches ist das Magnetfeld am größten. Die supraleitende Ladungsdichte der Cooper-Paare ist Null. Es ist gut zu erkennen, dass die ε_{gl} den Durchmesser eines Schlauches bildet. Fließt nun ein Transportstrom durch den Leiter, so wirkt auf den einzelnen Flussschlauch eine Lorentzkraft F_L. Diese Kraft bewirkt eine Verschiebung der Flussschläuche, die aber Energie benötigt. Es stellt sich aufgrund der entstehenden Wärme ein größer werdender elektrischer Widerstand ein. An Verunreinigungen im Kristallgitter können sich diese Flussschläuche eine gewisse Zeit verankern. Somit ist ein Verschieben bis zu einer bestimmten Stromdichte (< B_{C2}) ausgeschlossen. Es bildet sich kein Leitungswiderstand. Durch die Herstellung sogenannter Harter Supraleiter tritt die Wanderung der Flussschläuche erst ab viel höheren Belastungen durch Ströme auf. Der Supraleiter erhält dabei sogenannte Pinningzentren. Pinningzentren sind Haftzentren, welche dem Verschieben der Flussschläuche mithilfe der Pinningkräfte entgegenwirken. Durch gezielte Gitterverunreinigungen werden die Haftzentren verstärkt. Das bewirkt eine Erhöhung der kritischen Parameter. Der supraleitende Zustand kann mit nun noch größeren Stromdichten und noch größeren magnetischen Feldern aufrechterhalten werden. Übertrifft die Lorentzkraft schließlich die Pinningkraft, so führt das zu einem Losreißen und Driften der Flussschläuche [8: S.207ff, 2: S. 30]. Zusammenfassend lassen sich vier Zustände aus einem Supraleiter des Typ II ableiten (Abb. 4.4.9). Bei einem kleinen äußeren Magnetfeld ($B < B_{C1}$) befindet sich der Supraleiter in der Meissner-Phase. Danach folgt der erste Zustand der Shubnikov-Phase (B_{C1} bis B_m). Es bilden sich Flussschläuche. Diese sind durch Pinningzentren an Ort und Stelle zunächst verankert. Die Supraleitung hält starke Magnetfelder und hohe Ströme aus. Zustand zwei der Shubnikov-Phase kann nur bei Harten Supraleitern (Kapitel 3) erreicht werden und dieser erstreckt sich von B_m bis B_{C2}. Erhöht sich die Stromdichte kontinuierlich, so erhöht sich auch die im Leiter entstandene Lorentzkraft. Diese löst die sich immer intensiver bewegenden Flussschläuche aus den Verankerungen, wodurch diese umher driften und eine thermische Fluktuation erzeugen. Als Folge reduziert sich die kritische Stromdichte. Oberhalb von B_{C2} werden die Cooper-Paare zerschlagen und der supraleitende Zustand zerstört. Die Normalleitung mit Leitungswiderstand besteht wieder.

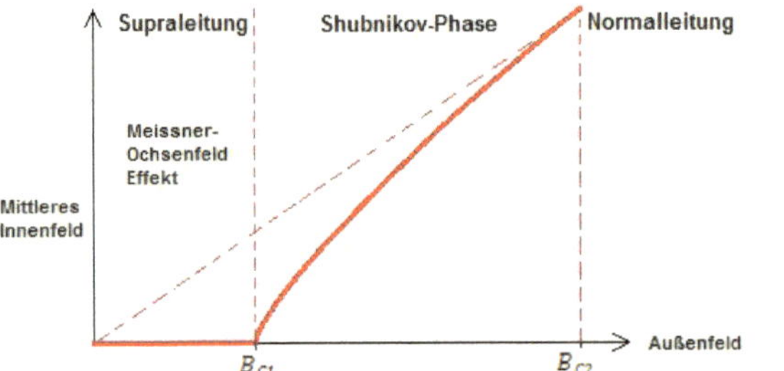

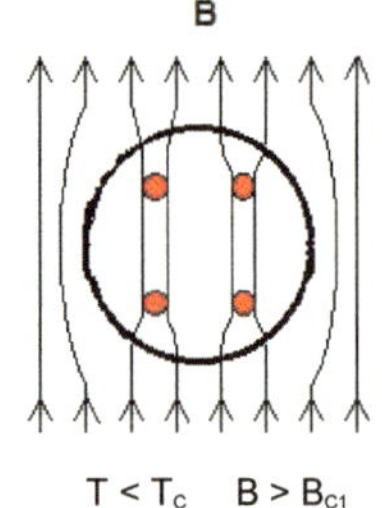

Abb. 4.4.7: Links: Abhängigkeit des mittleren Innenfeldes und dem Außenfeld bei Supraleiter Typ II. Rechts: Magnetfeld eines kugelförmigen Leiters während der Shubnikov-Phase und der Bildung von Flussschläuchen (rot), (eigene Darstellung, anlehnend an [8: S. 203]).

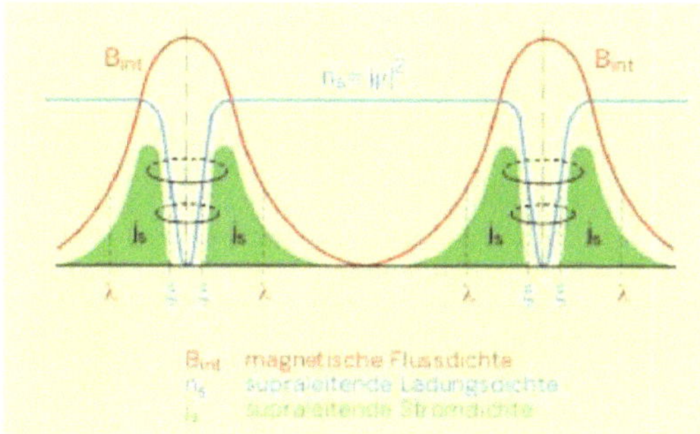

Abb. 4.4.8: Flussquanten im Supraleiter Typ II während der Shubnikov-Phase [8: S.205].

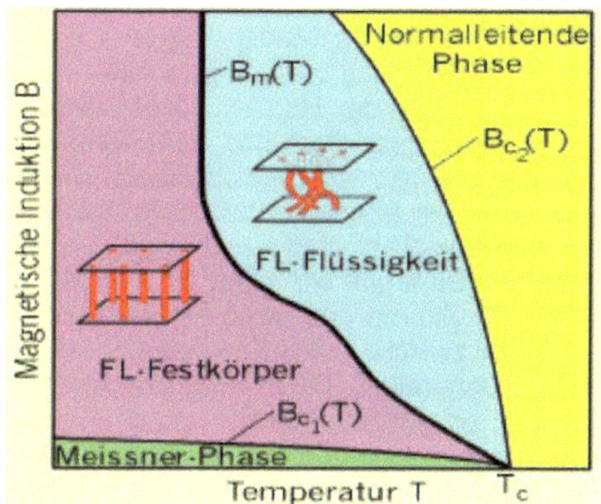

Abb. 4.4.9: Zustände der Supraleitung des Typ II, Flusslinien (FL), Flüssigkeit (Bewegung der Flusslinien) Bereiche: grün = Supraleiter Typ I, lila = Supraleiter Typ II, blau = Harte Supraleiter und gelb = Normalleiter [8: S. 208].

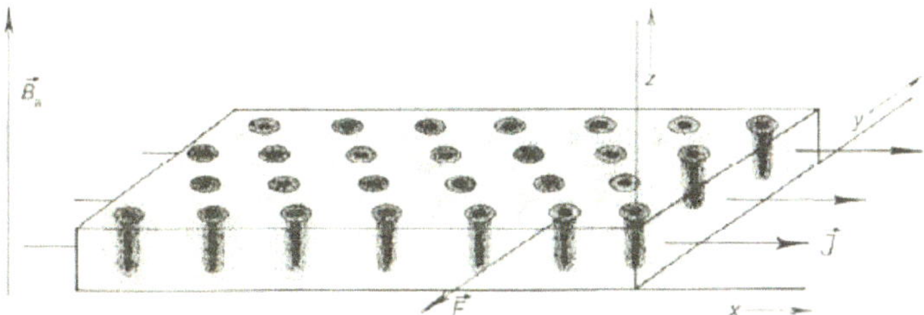

Abb. 4.4.10: Flussschläuchebildung (Abb. 4.4.8) eines Supraleiters des Typ II [15: S. 7].

3. Hochtemperatur-Supraleiter

Wie in der Einleitung kurz angedeutet, entdeckten J. Bednorz und A. Müller im Jahre 1986 die Hochtemperatursupraleitung. Die "Hochtemperatur" beschreibt hierbei im Zusammenhang mit Supraleitern kritische Temperaturen, die deutlich höher liegen als T_C = 4,2 K. Unterhalb dieser Temperatur sind es Tieftemperatursupraleiter (TTS). Die Funktion der HTS basiert auf der gleichnamigen Eigenschaft der Supraleiter des Typ II und gehören den Harten Supraleitern an. HTS bestehen aus [12]Kupratverbindungen (CuO_2), daher kann die BSC-Theorie zur Erklärung aus Kapitel 2.2 hier nicht vollständig angewendet werden. Die Kristallgitter dieser keramischen Verbindungen unterscheiden sich nämlich von den metallischen Supraleiterverbindungen. Ein HTS kann mit Stickstoff gekühlt werden, da bei diesen Materialien die supraleitende Eigenschaft oberhalb der Verflüssigungstemperatur von Stickstoff eintritt. Da Stickstoff zu rund 78% in der Erdatmosphäre verfügbar ist, kann es leicht gewonnen werden. Somit erschließt sich durch HTS ein zunehmend wirtschaftlicher Bereich in der Supraleitung und somit in der Energiewirtschaft. Keramik ist sehr spröde, daher ist in der Herstellung die Beimischung eines verformbaren [18]Substrats notwendig (Kapitel 4.1). Die Kristallstruktur eines HTS ist schichtweise aufgebaut und besteht aus einer Aneinanderreihung von [2]Einkristallen (Abb. 3.1), die während der Herstellung entstehen. Hierbei handelt es sich um eine Abfolge von Kupferoxidschichten und isolierende Schichten. Die Kupferoxidschichten führen dabei den Suprastrom. Die Kohärenzlänge der einzelnen Cooper-Paare ist geringer, als die Dicke der isolierenden Schicht. Daher können die Cooper-Paare nicht zwischen den Kupferoxidschichten tunneln und sind auf der aktuellen Ebene des Kristallgitters festgelegt. Es ergibt sich aber ein Problem bei HTS. Kupratverbindungen haben [7]granulare Strukturen und besitzen daher viele Korngrenzen. Eine Korngrenze ist eine Grenzfläche zwischen zwei Einkristallen, deren Gitter nicht einheitlich ausgerichtet sind (HTS 1. Generation). Diese Korngrenzen stellen "Tunnelkontakte" (Josephson-Effekt) dar und führen zu einer Reduzierung oder einer Unterbrechung der Supraleitung in den Oxidschichten. Je größer der Verkippungswinkel (θ) der Kristalle ist, umso größer sind die Verluste. Korngrenzen verringern die kritische Stromdichte erheblich, daher müssen sie reduziert werden. Die bewährte Lösung bietet die Bikristalltechnik. Durch sie kann die Ausrichtung der Gitter in den Korngrenzen mithilfe von Dünnfilmen zu einer festgelegten Richtung erfolgen. Somit lässt sich der Verkippungswinkel θ verändern, denn er muss kleiner als die Kohärenzlänge der Cooper-Paare sein, damit Cooper-Paare an Korngrenzen durchtunneln können [14, 2: 46ff, 8: S.209-220].

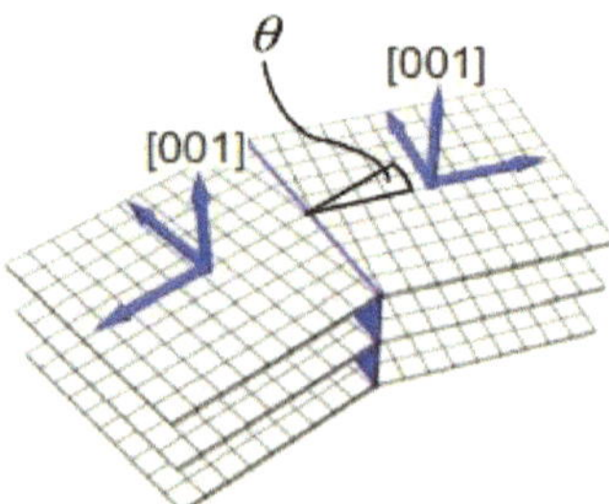

Abb. 3.1: Korngrenzmodell für HTS: zwei Einkristalle mit unterschiedlicher Ausrichtung, Korngrenzentstehung in der Mitte (blau) [14: S.25].

4. Supraleiter im Elektroenergiesystem

Seit der Entdeckung der Hochtemperatursupraleiter, hat sich der Einsatzbereich von Supraleitern erhöht, denn die thermodynamische Eigenschaft von flüssigem Stickstoff (LN_2) für die Kühlung der HTS ist besser, als die des flüssigen Heliums und somit kostengünstiger (Gl. 4.3.1). Nahezu die komplette Energieübertragung Deutschlands erfolgt in Form von Drehstrom. Wechselspannung kann problemlos auf beliebige Spannungshöhen transformiert werden, dadurch ist die Anzahl der benötigten Werke sehr gering, denn um eine geforderte Leistung bei der Übertragung erbringen zu können, wird eine höhere Spannung gewählt. So bleibt die Stromstärke gering, somit sind kleinere Leitungsquerschnitte möglich. Im Gegensatz hierzu muss Gleichspannung aufwendig und z.B. mithilfe von Umrichterwerken in eine Wechselspannung generiert werden. Für die Energieverteilung werden neben Freileitungen auch Erdkabel eingesetzt. Beide Varianten verursachen Verluste in Form von Wärme, aufgrund des Leitungswiderstands. Erdkabel sind überall eingesetzt, wo die Verlegung von Freileitungen nicht möglich ist, denn der Einsatz von Erdkabel ist viel teurer, da [8]Kavernen geschaffen werden müssen. Bei Erdkabeln kann beispielsweise die Wärme nur teilweise abgeführt werden, da diese Kabel immer vom Erdreich oder von einem Kabelkanal umschlossen sind. Weitere Wärmeverluste entstehen bei Einleiterkabel. Diese besitzen meist einen Kabelschirm. Dieser Kabelschirm wird von Mischströmen durchtrieben, die aus anderen Elektroenergiesystemen stammen. All dies führt zu einer Begrenzung der zu übertragenden Leistung [16: S. 1f, 17]. Ein Lösungsansatz kann der Einsatz von supraleitenden Energiekabeln sein. Diese stecken allerdings noch in der Entwicklungsphase. Wie bereits beschrieben, besitzen Supraleiter die Eigenschaft den Leitungswiderstand gegen Null zu setzen. Da diese Eigenschaft mitunter nur ab Erreichen einer kritischen Temperatur zu tragen kommt, muss der Supraleiter einen bestimmten Aufbau besitzen, denn das Kühlmittel muss am Leiter über die gesamte Leitungslänge mitgeführt werden. Supraleitende Energieleiter werden somit so schwer und kompakt, dass momentan nur der Einsatz als Erdkabel in urbanen Zentren in Frage kommt. Der Vorteil von kompakten Hochtemperatursupraleitern (Abb. 4.1.2) in urbanen Gebieten ist, dass man hohe Ströme schon mit einer Spannungshöhe von 10.000 V nahezu verlustlos übertragen kann. Es können somit Umspannanlagen und herkömmliche Hochspannungskabel im innerstädtischen Bereich eingespart und schrittweise abgebaut werden. Ein kompaktes Supraleiterkabel kann die Wirkleistungsmenge P_W von bis zu fünf konventionellen 10.000 V Mittelspannungskabelsystemen übertragen [20: S. 2f].

4.1 Aufbau eines supraleitenden Übertragungskabels

Bisher gibt es in Deutschland noch keinen regulären Betrieb von supraleitenden Übertragungskabeln. Die Firma RWE führt aber in Kooperation mit den Firmen Nexans und KIT Projekte durch, in denen der reguläre Betrieb von supraleitenden Übertragungskabeln erprobt wird. Es bestehen verschiedene Ansätze von Aufbauten eines solchen Kabels. Folgend wird nur auf das in Abbildung 4.1.2a dargestellte supraleitende Kabel eingegangen, welches bereits im Feldversuch "AmpaCity" erprobt wird; Im Essener Gebiet werden hierzu zwei Umspannwerke durch HTS-Kabel ersetzt und die Wirtschaftlichkeit, sowie der reguläre Einsatz bewertet. Der Aufbau eines supraleitenden Kabels beinhaltet eine äußere Kabelisolierung, bestehend aus Polyethylen; zum Schutz des Supraleiters, gefolgt von einem Kabelkryostat aus Edelstahl. Hierdurch wird das Kabel kalt gehalten und es wird im inneren des Kabels der Transport des flüssigen Stickstoffs ermöglicht. Der Zwischenraum von beiden Wellrohren des Kryostats ist evakuiert und darüber hinaus noch mit einer Folie versehen, die mit Aluminium bedampft ist. Somit wirkt das Kryostat als sogenannte "Superisolierung". Ein Rücklauf des flüssigen Stickstoffs kühlt das Kabel von außen nach innen und verhindert ein Durchdringen von Wärmeenergie aus der Umgebung. Im Kern des Kabels befindet sich ein einzelnes Wellrohr aus Edelstahl. Dieser stellt im Inneren den Vorlauf des flüssigen Stickstoffs zur Kühlung von innen nach außen aller drei Supraleiter L1, L2 und L3 dar. Alle Leiter bestehen aus flexiblen Bändern supraleitender Keramik, welche durch Dielektrika energetisch voneinander getrennt sind. Innerhalb des Stickstoff Rücklaufs findet sich ein Kupferschirm, welcher den Neutralleiter bildet [18]. Die Bandleiter L1, L2 und L3 gehören den Hochtemperatursupraleiter der 2. Generation an (Abb. 4.1.3). Diese Generation besteht aus einer $YBa_2Cu_3O_x$ (YBCO) Verbindung. Da die Kristallgitter epitaktisch aufgewachst sind, verschwinden die Korngrenzen und es entsteht eine einkristalline Struktur. Energiekabel mit diesen Verbindungen haben eine hohe Stromtragfähigkeit und können im Gegensatz zu Normalleitern aus Kupfer ca. dass Hundertfache an Stromstärken übertragen. Supraleiter der 1. Generation sind hierfür nicht eingesetzt, da diese nur eine geringe Stromtragfähigkeit (viele Korngrenzen) besitzen und somit für die Energieverteilung uninteressant sind. Bandleiter sind mehrschichtig aufgebaut und der supraleitende Bereich besteht dabei aus einer Aneinanderreihung von YBCO-[5]Filamenten. Die erste Schicht bildet ein 100 µm dickes Edelstahlband zur guten Biegsamkeit des Bandleiters. Die zweite Schicht bildet ein Übergangsmetall aus Zirkon und die dritte Schicht ist ein Metalloxid, mit der Funktion einer Diffusionssperre zwischen Übergangsmetall und der nur ca. 1 µm dicken YBCO-Verbindung. Eine Goldschutzschicht liegt der YBCO-Verbindung auf und schützt den Bandleiter zusätzlich vor äußeren Einwirkungen, wie magnetischen Feldern. Eine Kupferkontaktierung umschließt alle inneren Schichten, so dass eine Mischmatrix (Kapitel 4.2) entsteht [21, 32: S.15].

Das jeweilige Leitungsende des hochtemperatursupraleitenden Energiekabels muss an einem für das Kabel konzipierten Endverschluss (Abb. 4.1.2b) übergeben werden. Der jeweilige Endverschluss bildet den energetischen Verbindungspunkt zwischen dem Netz mit dem Normalleiter und dem supraleitenden Energiekabel. Des Weiteren wird am Endverschluss der abweichende Wert von Druck- und Temperatur des Kühlmediums des Kabels dem Sollwert angeglichen [19: S.6+12, 23: S.4].

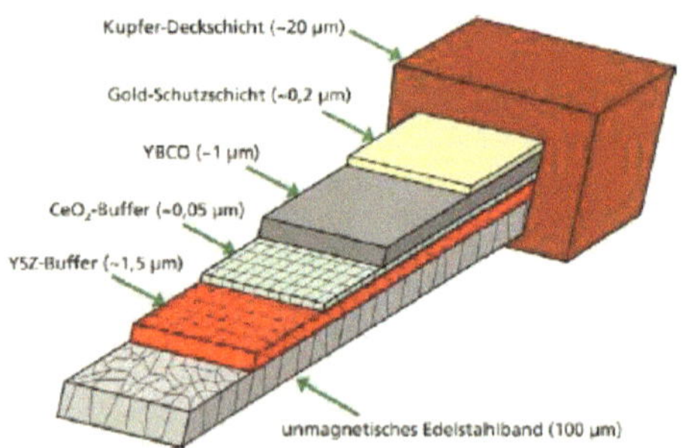

Abb. 4.1.3: Aufbau des supraleitenden Bandleiters zweiter Generation der in Abb. 4.1.2 verbauten Leiter L1, L2 und L3 [21: S.33].

a.)

b.)

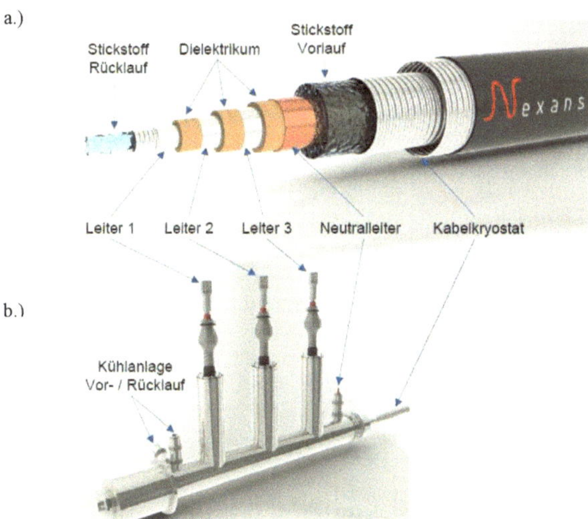

Abb. 4.1.2: a.) Aufbau eines 3 AC 6,3/10 kV- kompakten supraleitenden triaxialen Energiekabels mit kaltem Dielektrikum, supraleitend ab 77 K . b.) Endverschluss des Energiekabels [18: S.40, 23: S.4, 28: S. 30-39].

4.2 Verluste bei einem supraleitenden Übertragungskabel

Soll das supraleitende Energiekabel von einer Wechselspannung durchflossen werden, so müssen die YBCO-Filamente in der YBCO-Verbindung des Bandleiters verdrillt eingearbeitet sein, damit keine Kopplungs- bzw. Abschirmströme zwischen den einzelnen Filamenten entstehen. Bei Gleichspannung ist diese Produktionsmaßnahme nicht notwendig. Bei dem durch Wechselspannung erzeugten Wechselfeld entstehen Wirbelströme, auch Hystereseverluste genannt. Diese kommen zustande, indem sich durch die Änderung des Wechselfelds die Fläche der Haftzentren (Pinningzentren) nach der allgemeinen Magnetisierungskurve aufspannen. Dadurch sind die Flussschlauche in Bewegung. Diese Wirbelströme werden durch die Verdrillung der Filamente und durch die um den Bandleiter umliegende Kupferdeckschicht erheblich reduziert [20, 22: S.15]. Mit steigender Kreisfrequenz ω steigen auch linear die Hystereseverluste [15: S.9-11].

Dem Inhalt des vorhergehenden Unterkapitels ist zu entnehmen, dass die umhüllende Kupferkontaktierung und die übrigen Schichten des Bandleiters eine Mischmatrix bilden. Dadurch entsteht ein Bandleitersandwich aus Normalleiter-Supraleiter- Normalleiter. Bei einer Störung, wie z.B. einem Kurzschluss erwärmen sich die einzelnen Filamente des Supraleiters und es bilden sich in ihm normalleitende Bereiche, die zu Verlusten führen. Normalleiter, wie die Kupferkontaktierung sind nach dem *Wiedemann-Franz-Lorenz´schen* Gesetz gute Wärmeleiter. Bilden sich im Filament durch Netzereignisse nun normalleitende Bereiche, so ist dessen entstehender elektrischer Widerstand größer, als der Widerstand der Kupferkontaktierung. Der überschüssige Strom wird zur Kupferkontaktierung gedrängt und die dort entstehende Wärme wird über das Kühlmedium abgeführt. Wenn also die Bedingung $T_M < T_C$ erfüllt ist, bleibt durch die Mischmatrix die supraleitende Eigenschaft bei Störungen und somit auch die kryogene Stabilität erhalten [15: S. 9f].

4.3 Kühleinrichtung

Um bei HTS-Kabel einen widerstandslosen Transport von Energie gewährleisten zu können, muss das Kabelinnere auf die jeweilige kryogene Temperatur ($T< T_C$) gehalten werden. Bei HTS beträgt diese Temperatur 77 K (-196,15°C) und erfolgt mit flüssigem Stickstoff (LN_2). Dabei ist ein Umwälzen der Kühlflüssigkeit erforderlich, denn mit zunehmender Länge des Energiekabels nehmen die Kühlverluste und der Druckabfall zu. In Abbildung 4.1.2a wird das Kühlmedium durch einem Vor-, sowie Rücklauf umgewälzt. Andere Kabelbauformen lassen auch das Umwälzen in nur eine Richtung zu. Eine Temperatur- und Drucküberwachung wird durch verschiedene Messeinrichtungen durchgeführt. Weicht der Ist- vom Sollwert ab, so wird die Differenz am Endverschluss der jeweiligen Kabel ausgeglichen. Mit der einfachen Methode des Linde-Verfahrens kann durch den *Joule-Thomson-Effekt* Stickstoff direkt vor Ort aus der Umgebungsluft nach Bedarf verflüssigt werden. Das Linde-Verfahren ist eine technische Anordnung zur Gastrennung und dessen Verflüssigung [15: S.37]. Der Wirkungsgrad η des Kühlmittels LN_2 ist höher, als der des flüssigen Heliums (LHe) [24: S.4, 32: S. 30]:

$$\eta = \frac{P_{ab}}{P_{zu}} \rightarrow \eta_{LN_2} = \frac{T_{kalt}}{T_{heiß} - T_{kalt}} = 0{,}346 \qquad \text{Gl. 4.3.1}$$

Für das Verflüssigen von N_2 ergibt sich ein Wirkungsgrad von 34,529 %. T_{kalt} beträgt 77 K, die Siedetemperatur von Stickstoff bei einem atmosphärischen Normdruck von 1 bar. $T_{heiß}$ ist die Normtemperatur der Atmosphäre bei 1 bar: 300 K (26,85 °C). Im Vergleich hierzu besitzt Helium mit dessen Siedetemperatur von 4,2 K einen Wirkungsgrad von 1,4 %. Sollte nun 1 W Wärmeleistung im Supraleiter abgeführt werden müssen, müsste die Kältetechnik laut Gl. 4.3.1 etwa 2,89 W aufbringen. Der Leistungsbedarf von Helium ist mit 71,4 W vergleichsweise hoch. Stickstoff als Kühlmedium ist demnach wirtschaftlicher.

Abbildung 4.3.2 zeigt den möglichen Aufbau eines Kühlkreislaufs von supraleitenden Energiekabeln mit der Umwälzung in nur eine Richtung. Es sind drei Endverschlüsse aufgeführt an denen jeweils ein 1 AC 110 kV HTS-Kabel (Anlage B.2) angeschlossen ist. Eine Kühlanlage mit einem Kühlmediumspeicher produziert dabei LN_2 für die Kühlung der einzelnen Leiter. Die Endverschlüsse seitens der Kühlanlage haben eine energetische Verbindung zum Verbundnetz eines Netzbetreibers. Die Einspeisung des Kühlmediums erfolgt dabei über den mittleren Leiter L2. Am Kabelende angelangt, wird das Kühlmedium den Kabeln L1 und L3 überführt. Von dort wird das Kühlmedium der Kühlanlage erneut rückgeführt und kühlt dabei auch die beiden Leiter.

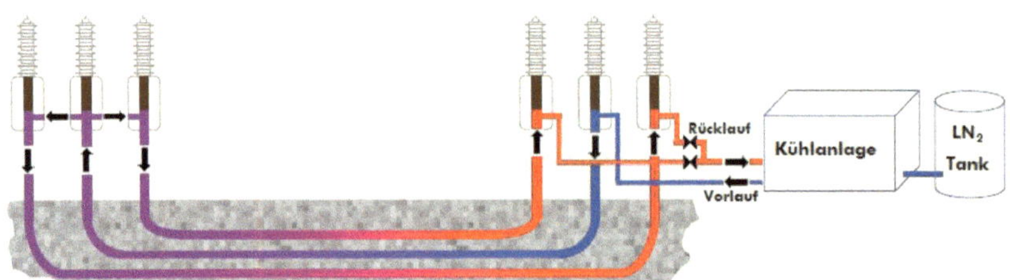

Abb. 4.3.2: möglicher Aufbau eines Kühlkreislaufs für supraleitende Energiekabel mit der Umwälzung in einer Richtung. Rechte Seite: Einspeisung, linke Seite: Weiterführung zu einer Trafostation [25: S.6].

5. Supraleitende Strombegrenzer

Für ein Energieversorgungsnetz stellen Netzereignisse wie Kurzschlüsse eine gesonderte Herausforderung dar. Derartige Netzereignisse können zu Beschädigungen oder gar zu Zerstörungen einzelner Komponenten eines Netzes führen. Daher müssen Anlagen so dimensioniert sein, dass diese die höchsten Kurzschlüsse, die auftreten können unbeschadet überstehen. Zu dieser Herausforderung kommt noch hinzu, dass die bestehenden Versorgungsnetze durch zunehmende Erweiterungsmaßnahmen vermaschter werden und somit höheren Kurzschlussbelastungen ausgesetzt sind. Das berücksichtigt eine damalige Dimensionierung des bestehenden Netzes nicht. Somit fallen hohe Investitionskosten für den Ausbau des Netzes wie z.B. der Austausch von alten Transformatoren gegen neue mit höheren Netzkurzschlussleistungen an. Einen innovativen und kostengünstigeren Schritt zur Sicherstellung der Netzstabilität und Erweiterung eines bestehenden Netzes bildet der Einsatz supraleitender Strombegrenzer (SFCL). Zu den Fähigkeiten des SFCL zählt das selbsttätige Ansprechen bei Kurzschlüssen innerhalb der ersten Halbwelle (Gl. 5.2) und die Verringerung der thermischen Beanspruchung bestehender Betriebsmittel. Es findet keine sofortige Stromunterbrechung (Abb. 5.1) statt, stattdessen wird der Wert des Stromes auf einen eingestellten Wert reduziert und nach einer bestimmten Einwirkdauer vom Leistungsschalter unterbrochen. Ein Kurzschluss kann neben des schnellen Stromanstiegs auch dadurch detektiert werden, dass ein merklich abrupter Spannungsabfall eintritt. Daher tritt durch die Reduzierung des Stromes im supraleitenden Betriebszustand kein merklicher Spannungsfall ein. Nach der selbsttätigen Regeneration (Abkühlung) des SCFL nach einem Netzereignis findet eine automatische Rückkehr in den supraleitenden Betriebszustand statt. Während der Regeneration wird der SCFL durch den LS vom Netz getrennt. Durch Shunts bzw. eine Konfiguration mit einer parallelen Impedanz kann aber ein unterbrechungsfreier Betrieb mit reduzierter Kurzschlussleistung bei Bedarf ermöglicht werden. Eine höhere Netzauslastung mit bestehenden Betriebsmitteln wird durch den SCFL ermöglicht [22: S.33ff, 26, 27]. Physikalisch gesehen geht ein Supraleiter während des Kurzschlusses in den normalleitenden Zustand über. Dies geschieht, weil die kritischen Parameter (T_C, H_C und j_C) überschritten werden. Es entsteht innerhalb weniger Millisekunden eine immer größer werdende Impedanz im Supraleiter. Ab einer bestimmten Impedanz, welche innerhalb weniger Millisekunden (< 0,01 s) erreicht ist, wird der SCFL aktiv. Eine Netzperiode bei einer Frequenz von 50 Hz entspricht 20 ms:

$$T = \frac{1}{f} = 0{,}02\ \mathrm{s} \qquad \text{Gl. 5.2}$$

Ein solcher Strombegrenzer benötigt keine Hilfsenergie für den Betrieb, da der Kurzschlussstrom selbst ausreicht, aber es entstehen Verluste. Es gibt zwei Möglichkeiten einen SCFL anzusprechen. Variante 1 ist das *resistive Prinzip* (Abb. 5.3). Der supraleitende Strombegrenzer ist dabei direkt dem zu begrenzenden Strompfad in Reihe zugeschaltet. [16]Quencht der Supraleiter wie oben erwähnt aufgrund eines Kurzschlusses, so bildet sich am Supraleiter eine immer größer werdende Temperatur und somit auch eine linear größer werdende Impedanz. Diese begrenzt die Stromstärke des Kurzschlusses innerhalb von Millisekunden. Ein Leistungsschalter (LS) unterbricht unter geringeren Belastungen den Stromkreis nach ein paar Netzperioden. Wird nun eine parallele Impedanz angeschlossen, wird die Kurzschlussstromfähigkeit erhöht und ein unterbrechungsfreier Betrieb des Strompfads während der Regeneration des SCFL ermöglicht. Im Normalfall ist der Leistungsschalter geschlossen und der Strom I gleich I_1.Tritt nun ein Kurzschluss ein, so teilt sich I''_k auf I_1 und I_2 auf. Der Strom wird nun durch die Impedanzen begrenzt. Nun öffnet der LS und der SCFL ist stromlos. Folglich regeneriert sich dieser, während der Strom nun über die parallele Impedanz getrieben wird. Transiente Ströme können so begrenzt werden. Eine dauerhafte kleinere Kurzschlussleistung bleibt jedoch bestehen. Ein weiterer Vorteil der Variante 1 ist die kompakte Bauweise des SCFLs [22: S. 34].

Variante 2 umfasst das *induktive Prinzip*. Bei dieser Variante kommt das Transformatorprinzip zu tragen. Die Primärwicklung ist energetisch in Reihe mit dem Strompfad verbunden. Es besteht eine induktive Kopplung mit der Sekundärwicklung, die direkt zu dem Strombegrenzer gehört. Ein Eisenkern durchläuft die Primär- und Sekundärwicklung. Im Zustand der Supraleitung wird durch den Meissner-Ochsenfeld-Effekt der Eisenkern abgeschirmt und es entstehen an ihm keine Wechselstromverluste. Wenn während eines Netzereignisses der Supraleiter quencht, entsteht ein magnetisches Wechselfeld an der Primärwicklung. Hierdurch entstehen am Eisenkern Wechselstromverluste und gleichzeitig entsteht linear eine wechselförmige Impedanz, welche den Strom begrenzt. Ein LS kann nun unter kleinerer thermischer Belastung den fehlerhaften Strompfad abschalten. Der Nachteil ist die Größe und Gewicht des Begrenzers. Der Strombegrenzer dieser Variante benötigt aber keine Regeneration bzw. Abkühlzeit. Bei transienten Netzereignissen wird der Überstrom kompensiert und der Betrieb wird aufgrund der kurzen Einwirkdauer nicht durch den LS unterbrochen [26: S. 5].

Zusammenfassend besteht im Normalbetrieb seitens eines SCFL keine strombegrenzende Wirkung. Bei einer zu übertragenden Spannung ist die Impedanz der allgemeinen Gleichung aufgrund des nicht vorhandenen Widerstands im Stromkreis R_S während des Supraleitens nahezu Null:

$$\underline{Z} = R_S + j\omega L_S \qquad \text{Gl. 5.4}$$

Durch Wechselspannung treten mit der Frequenz f die in Kapitel 4.2 erwähnten Hystereseverluste auf, da sich die Kreisfrequenz ω wie folgt definiert:

$$\omega = 2 \cdot \pi \cdot f \qquad \text{Gl. 5.6}$$

Bei einer Gleichspannung sind keine Hystereseverluste vorhanden, da die Netzfrequenz und somit die Kreisfrequenz Null ist. Tritt nun ein Netzereignis ein, so wirkt die supraleitende Strombegrenzung zusätzlich zur Gl. 5.4. Der Widerstand ist ungleich Null. Die Impedanz während der Begrenzung mit parallel geschalteter Impedanz sei (Abb. 5.3):

$$\underline{Z} = R_S + j\omega L_S + \frac{(R_{Sh} + j\omega L_{Sh}) \cdot (R_{SCFL} + j\omega L_{SCFL})}{(R_{Sh} + j\omega L_{Sh}) + (R_{SCFL} + j\omega L_{SCFL})} \qquad \text{Gl. 5.7}$$

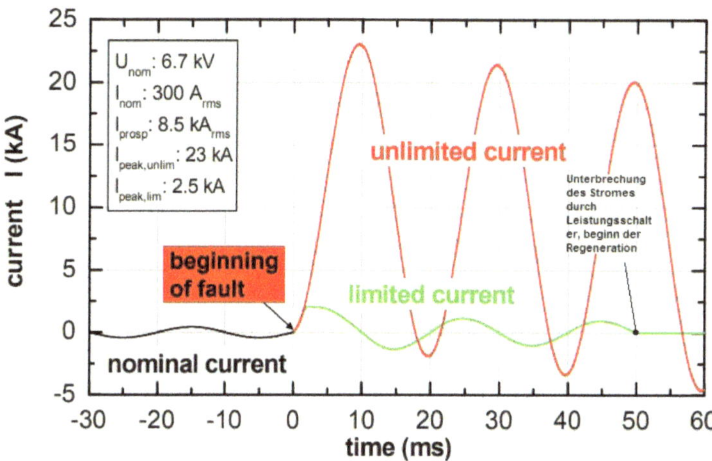

Abb. 5.1: Supraleitender Strombegrenzer: Reduzierung des Kurzschlussstroms auf einen zuvor eingestellten Wert [26: S.20].

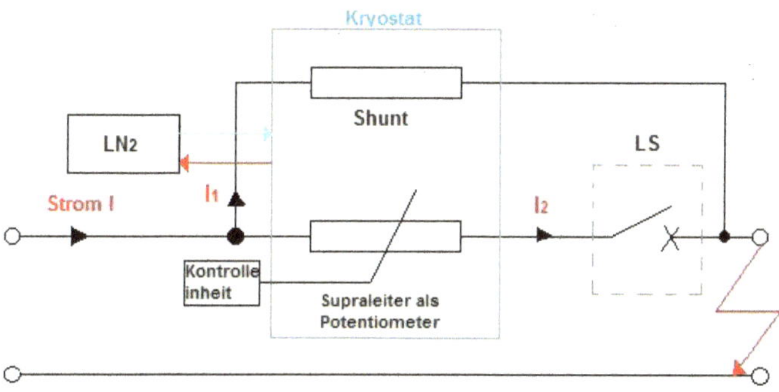

Abb. 5.3: Resistive Prinzip eines SCFL (eigene Darstellung).

6. Weitere Anwendungen in Energiesystemen

In den vorhergehenden Kapiteln ist der Aufbau und die Funktion von supraleitenden Kabeln, Strombegrenzern, Endverschlüssen und der dazugehörige Kühlkreislauf dargestellt. Zum Energiesystem zählen aber noch Transformatoren und Energieerzeuger. Hiervon sind auch supraleitende Varianten existent, die noch in der Erprobungsphase stecken. Die Funktionsweise und der Aufbau von konventionellen Generatoren sowie Transformatoren werden hier als bekannt vorausgesetzt.

6.1 Supraleitender Rotor

Die Energieerzeugung erfolgt größtenteils über Generatoren. Diese besitzen eine bestimmte Bauformgröße und einen bestimmten Wirkungsgrad. Eine Steigerung der Leistung konventioneller Generatoren bei gleicher Bauform ist nur durch die Zunahme der Drehzahl möglich, welche aber durch die Fliehkraft begrenzt ist. Weitere Möglichkeiten der Leistungserhöhung erfolgen durch die Erhöhung der Flussdichte, welche aber durch die Sättigung des Eisens begrenzt ist, oder durch die Erhöhung des Strombelags im Rotor, die aber mit hohen *ohm´schen* Verlusten einhergehen. Mithilfe von Supraleitern kann der Wirkungsgrad jedoch erhöht und das Gewicht der Generatoren reduziert werden. Mit den eingesetzten Supraleitern der 2. Generation lassen sich hohe Stromdichten und somit auch hohe Magnetfelddichten generieren. Das bedeutet eine Erzeugung hoher Leistungsdichten bei einer kleineren Bauform. Der Stator eines supraleitenden Generators besitzt weiterhin Kupferspulen. Jedoch besteht die Wicklung des Rotors aus HTS. Durch supraleitende Spulen wird der Strombelag erhöht, ohne dass hieraus ohm´sche Verluste resultieren [29, 30]. In Hirschaid/Oberfranken erhielt der Generatorstator eines Wasserkraftwerks einen supraleitenden Rotor. Es ergibt sich eine Steigerung des Wirkungsgrades von 86 % auf 98,5% und eine Leistungssteigerung von 1,25 MW auf 1,79 MW [31].

6.2 Supraleitender Transformator

Transformatoren werden eingesetzt, um Spannungs- oder Stromhöhen zu variieren. In einem Drehstromsystem steigt mit steigender Spannung auch die zu übertragende Leistung an. Die zu übertragende Wirkleistung P (Gl. 6.2.1) ergibt sich aus dem Phasenverschiebungswinkel cos φ und der Scheinleistung S, wodurch eine höhere Scheinleistung (Gl. 6.2.2) entweder aus der Erhöhung der Spannung U oder der Erhöhung des Stromes I resultiert. Steigt z.B. die Spannung, so wird der Strom automatisch erniedrigt, so dass die zu übertragende Leistung gehalten werden kann oder umgekehrt. Große Leistungen werden daher mit hohen Spannungen übertragen [5].

$$P = S \cdot \cos\varphi \qquad \text{Gl. 6.2.1}$$

$$S = U \cdot I \qquad \text{Gl. 6.2.2}$$

Durch Wechselspannung entstehen Wirbelströme im Transformatorkern, die auch als Ummagnetisierungsverluste bekannt sind. Daher ist der Transformatorkern zu einem Blechpaket mit zueinander isolierten Blechen aufgebaut. Hierdurch wird eine drastische

Reduzierung der Wirbelströme erzielt. Den erheblichen Teil der Verluste (ca. 80 %) am Transformator machen jedoch die Wicklungswiderstände der Primär- und Sekundärwicklung aus. Durch den Einsatz von HTS-Wicklungen im Transformator wird durch den Übertrag der sonstigen Stromhöhe eine geringere Stromdichte entstehen. Es können in den Abmessungen Wicklungslängen eingespart und der Eisenkern kleiner dimensioniert werden. Der Transformator wird deutlich leichter, kleiner und die Ummagnetisierungsverluste reduzieren sich. Der Eisenquerschnitt muss jedoch gleich bleiben, da dieser bei größeren Flussdichten in Sättigung geht. Bei supraleitenden Transformatoren wird eine Lebensdauer von bis zu 40 Jahren erwartet [30: S. 17, Kapitel 2.2.4].

Der Stickstoff im Transformator dient nicht nur zum Kühlen der Wicklungen auf 77 K, sondern auch wie bei Öltransformatoren als isolierendes Medium des gesamten Transformators. Es sind zwei Varianten der Kühlung des HTS-Transformators möglich. Die Variante des *warmen Eisenkerns*; Hierbei werden nur die Primär- und Sekundärwicklung gekühlt. Der Kühlaufwand ist sehr gering. Die Wicklungen lassen sich relativ schnell auf 77 K abkühlen. Bei dem *kalten Eisenkern* ist der gesamte Transformator in einem Kryostaten eingebaut und wird gekühlt. Aufgrund der Gesamtmasse dauert es einige Zeit, bis der Transformator die nötige Temperatur für den supraleitenden Zustand erreicht hat, er fungiert damit allerdings auch als Kältespeicher im Falle eines Ausfalls der Kühlung. Eisenlose Transformatoren sind bisher noch unwirtschaftlich. Zwar ist eine höhere Flussdichte möglich, da kein Eisen vorhanden ist, welches in Sättigung gehen kann, aber der Fluss wird nicht mehr gebündelt und es entstehen an der Leiteroberfläche hohe Induktionen. Da eine Wechselspannung geführt wird, entstehen hohe Wirbelstromverluste [30: S.18].

Wird der HSL-Transformator im Spannungsnulldurchgang zugeschaltet, tritt der sogenannte „Rush", ein hoher Einschaltstrom, auf, weil der Eisenkern laut der Magnetisierungskennlinie bereits in Sättigung ist. Hierdurch quenchen die Wicklungen. Aufgrund der Mischmatrix des Bandleiters der Wicklungen wird die entstehende Wärme des überschüssigen Stromes dem Kühlmedium zugeführt und der Transformator kehrt automatisch in den supraleitenden Zustand zurück. Würde keine Mischmatrix bestehen, würden die Wicklungen den Übergang in den "normalleitenden Zustand" nicht überstehen, da beim Quenchen die entstehende Wärmeenergie zur Verdampfung der im Bandleiter befindlichen Filamente führen würde. Es wirkt während des Rushs eine große Kraft auf die Wicklungen des Transformators. Daher ist der Betrieb des Transformators im Verbund mit einem SCFL sinnvoll, da dieser den Rush und somit den hohen Einschaltstrom des Transformators zusätzlich schnell begrenzt [30: S.21].

7. Wirtschaftlichkeit

Ein Energieübertrag auf supraleitender Basis ist innovativ und hat sich bisher in Essen auf der bis heute weltweit größten Distanz von 1 km über mehrere Jahre bewährt. Aufgrund des Projektes "AmpaCity" existieren bereits erste Abschätzungen bezüglich der Vorteile und der Investitionskosten für den Bau und Betrieb eines HTS 10 kV-Netzes. Bei dem Projekt „AmpaCity" kann durch die Schaffung eines supraleitenden Verteilungsnetzes bereits heute ein 110 kV System oder fünf Kabelsysteme (Abb. 7.1.1) eingespart und das hiesige Umspannwerk verkleinert werden. Die Investitions- und Wartungskosten für dieses Projekt beliefen sich samt wissenschaftlicher Begleitung und projektspezifischem Entwicklungsaufwand auf knapp 13,5 Millionen Euro. Daher baut Kapitel 7 auf der Grundlage des bisherigen Stands des Projektes AmpaCity auf [33, 34]. Für die DB Energie GmbH könnte eine Einbindung der zu übertragenden Supraleittechnik im 2 AC 110 kV/ 16,7 Hz-Bahnstromnetz interessant sein. Die Supraleittechnik könnte nämlich hohe Energieeinsparungen mit sich bringen und des Weiteren könnte die Betriebssicherheit des Bahnstromnetzes erhöht werden. Voraussetzungen sind die problemlose Integrierbarkeit der HTS-Kabel im bestehenden Netz und das Harmonieren mit der bereits vorhandenen Technik [33: S. 2f + 8f].

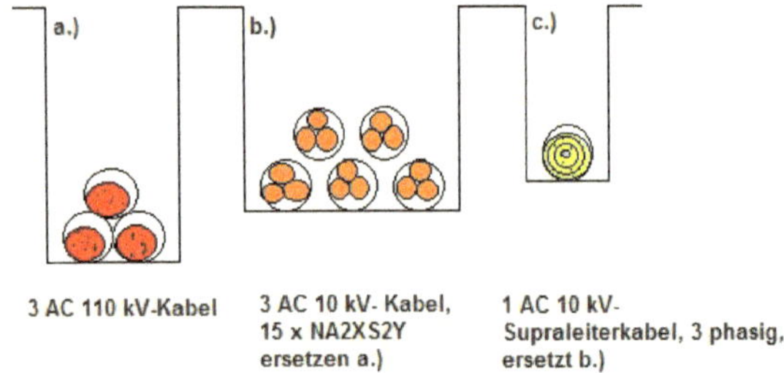

Abb. 7.1.1: Trasseneinsparung durch den Einsatz von Supraleitenden Energiekabeln (eigene Darstellung, anlehnend an [23: S. 5]).

Beispiel eines möglichen Einsatzes bei der DB AG

Für die Deutsche Bahn AG kann der Einsatz von Supraleitern in Ballungsgebieten hohe Einsparpotentiale bedeuten. Gl 5.6 des fünften Kapitels beschreibt nämlich, dass mit zunehmender Frequenz auch die Hystereseverluste in einem HTS-Kabel zunehmen. Folglich lohnt sich der Betrieb eines solchen Netzes bei geringen Netzfrequenzen umso mehr. Das Bahnstromnetz der DB wird mit 16,67 Hz betrieben. Das bedeutet, dass die Hystereseverluste im Bahnstromnetz auf einem Kilometer sogar geringer ausfallen müssten, als beim Projekt "AmpaCity". Denn dort beläuft sich der Betrieb auf die in Deutschland übliche Netzfrequenz von 50 Hz. Das Bahnstromnetz erstreckt sich nahezu über die gesamte Republik. Einsparungen aufgrund des zentralen Bahnstromnetzes erzielt die DB bereits heute mit der Möglichkeit des Einkaufs der Energie beim bundesweit günstigsten Anbieter. Am Rande von Ballungszentren wie z.B. Hamburg kann ein Übergabepunkt vom zentralen Bahnstromnetz auf ein supraleitendes 10 kV-Verteilungsnetz erfolgen.

Fazit und Ausblick

Das Ziel der vorliegenden Studienarbeit war es unter anderem zu prüfen, ob die in der Vergangenheit erzielten Errungenschaften im Bereich der Supraleitung einen wirtschaftlichen Einsatz auf dem Gebiet der Elektroenergiesysteme zulassen. Durch die Entdeckung des sogenannten Harten Supraleiters des Typ II und dessen Erprobung in Projekten wie "AmpaCity" scheint eine Anwendung tatsächlich machbar. Jedoch erfolgte noch kein regulärer Betrieb eines supraleitenden Verteilungsnetzes über mehr als vier Jahre und über die Distanz von mehr als einem Kilometer. Ob der Betrieb eines noch größeren supraleitenden Verteilungsnetzes problemlos möglich ist, ist derzeit noch fraglich. Durch das Projekt AmpaCity ergab sich die Erkenntnis, dass ein 10 kV-HTS-Netz wirtschaftlicher ist, als ein 110 kV-HTS-Netz. Ballungszentren wie Hamburg könnten aber bereits heute vom Bau eines kleinen HTS 3 AC 10 kV-Netzes profitieren. Dort besteht aufgrund einer hohen Bevölkerungsdichte Platzmangel, da eine solche Stadt in der Regel einen ständigen Wandel unterliegt und die Bevölkerungszahl im Laufe der Zeit i.d.R kontinuierlich ansteigt. Somit unterliegt auch das hiesige Energieversorgungsnetz ständigen Erweiterungsmaßnahmen im Bereich des Kabel- und Stationsbaus. Diese Maßnahmen erfordern Platz, der in Ballungszentren zunehmend knapper wird. Ein HTS 3 AC 10 KV-Energiekabel ersetzt ein 110 kV System- oder fünf Systeme 10 kV-Energiekabel aufgrund der Fähigkeit der zu übertragenden hohen Stromdichte. Durch ein solches Netz können Trassen verkleinert gebaut und die Zahl der Umspannwerke aufgrund der Schaffung einer nur einzigen, sowie ungefährlicheren Spannungsebene reduziert werden. HTS-Kabel können sogar neben Datenkabel verlegt werden, da sie EMV-freundlich sind und keinen radialen Wärmefluss erzeugen. Diese Kabel bieten eine hohe Betriebssicherheit durch ihre Kurzschlussstrom begrenzende Eigenschaft aufgrund der Mischmatrix des YBCO-Bandleiters. Das Kühlmedium flüssiger Stickstoff kann aufgrund der hohen Verfügbarkeit in der Atmosphäre (ca. 78 %) jederzeit durch ein einfaches Verfahren kostengünstig vor Ort gewonnen werden. Der größte Vorteil eines HTS-Netzes ist jedoch die Supraleitung. Durch sie wird der Leitungswiderstand auf Null reduziert, so dass ein nahezu verlustloser Energietransport erfolgen kann. Bei einem Energietransport mit Wechselspannung entstehen allerdings aufgrund der Frequenz Hystereseverluste.

Der Einsatz von Supraleitern im Elektroenergiesystem konnte in kleineren Dimensionen ebenfalls erfolgreich erprobt werden. So kann bei elektrischen Maschinen wie Generatoren durch den Einbau supraleitender Rotoren der Wirkungsgrad und die Leistungsproduktion gesteigert werden. Des Weiteren können die Bauart und die Ummagnetisierungsverluste eines Transformators durch supraleitende Spulen reduziert werden. Auch in der Kernfusion, der vielleicht zukünftigen Energieerzeugung, halten supraleitende Spulen im Betriebszustand das im Reaktor enthaltene Plasma stabil. Und durch den Meissner-Ochsenfeld-Effekt kann zwischen einem Supraleiter und einem ferromagnetischen Material eine [13]Levitation erfolgen, denn dies ist für eine Magnetschwebebahn unabdingbar. Neben den noch mangelnden Erfahrungen im Betrieb größerer supraleitender Elektroenergienetze sind die aktuell höheren Produktionskosten der einzelnen supraleitenden Komponenten, sowie die Produktionskosten des Kabels aufgrund geringer Nachfrage ein großer Nachteil. Prognosen jedoch ergeben, dass der Preis für Kupfer und Aluminium in der Zukunft ansteigen wird. Somit wird sich evtl. eine steigende Nachfrage nach Supraleitern ergeben, die die Preise sinken lassen wird. In der Luft- und Raumfahrt könnte sich ebenfalls ein möglicher Einsatzbereich der Supraleitung ergeben. Ein lang gehegter Traum vieler Menschen ist die Errichtung einer

Mondbasis auf unserem Erdtrabanten. Die niedrigen Temperaturen der sonnenabgewandten Seite des Mondes können für eine natürliche Kühlung eines möglichen supraleitenden Energieversorgungsnetzes auf dem Mond sorgen. Somit könnten supraleitende Energiekabel kleiner und günstiger produziert werden, da kein internes Kühlsystem notwendig ist. Mit einer kleineren Bauform des Energiekabels sinkt auch das Gewicht. Das Gewicht ist in der Luft- und Raumfahrt von großer wirtschaftlicher Bedeutung.

Quellenverzeichnis

[1] Thorben Becker u.a.: bund.net, BUND-Abschaltplan, URL:https://www.bund.net/fileadmin/user_upload_bund/publikationen/kohle/kohle_bund_abschaltplan_kohle_atom.pdf, Internet.(letzter Aufruf: 01.10.2018).

[2] Rudolf P. Huebener: Geschichte und Theorie der Supraleiter - Eine kompakte Einführung. Auflage unbekannt. Springer Verlag Wiesbaden (2017).

[3] Prof. Michael Barten: Elektrische Maschinen - Beiblätter zur Vorlesung 1/2 Teil, Hochschule für Wirtschaft und Recht Berlin, Stand V16/1.0, (o. J.). S. 3ff.

[4] Rudolf Huebener: Leiter, Halbleiter, Supraleiter - Eine kompakte Einführung in Geschichte, Entwicklung und Theorie der Festkörperphysik. 2. Auflage. Springer Verlag Berlin (2017). S. 115-164.

[5] Wolfgang Reinhold: Elektronische Schaltungstechnik - Grundlagen der Analogelektronik. Auflage unbekannt. Hanser Verlag München (2010).

[6] Autor unbekannt: chemie.de, Metallische Bindung, URL: http://www.chemie.de/lexikon/Metallische_Bindung.html, Internet.(letzter Aufruf: 04.10.2018).

[7] Prof. Harald Lesch: www.youtube.de, Was ist Supraleitung, URL: https://www.youtube.com/watch?v=IrA6un-Kbe8, Internet.(letzter Aufruf: 04.10.2018).

[8] o.V.: Ingenieurkeramik III, Professur für nichtmetallische Stoffe ETH Zürich, S. 181-226.

[9] o.V.: sapereaudepls.de, URL: https://www.sapereaudepls.de/einzeldisziplinen/teilchenphysik/fermion/, Internet.(letzter Aufruf: 05.10.2018).

[10] Timm Krüger u.a.: Theoretische Physik 3-Quantenmechanik. Auflage unbekannt. Springer Verlag Berlin (2018). S. 102.

[11] Dr. Brenner: Quasiteilchen: Cooper-Paare und Majorana-Fermionen, Universität Potsdam (Sommersemester 2015).

[12] Antlinger Hubert: Josephson Effekt, Institut für Physik, Universität Graz, (o.J.).

[13] Andreas Schadschneider: Theoretische Festkörperphysik II, Version 11, Universität Köln (2002).

[14] Martin Held: Untersuchung und Optimierung von $YBa_2CU_30_{7-\delta}$-Korngrenzen und Bandsupraleitern, Dissertation, Universität Augsburg (2009). S. 23ff.

[15] o.V.: 1. Supraleitertechnik für Energiesysteme, Institut für elektrische Energiewandlung, Technische Universität Darmstadt (o.J.).

[16] Peter Ernst Schöbel: Analyse des Umrichterwerks Neumünster für den Bahnstrom mit AC 15 kV/16,7 Hz, Studienarbeit I, HWR Berlin (2018).

[17] Prof Plotkin: Kabel, Vorlesungsmaterialien, HWR Berlin (2018).

[18] Dr. Wolfgang Reiser: Supraleiter-Grundlagen, Nutzen und Einsatz, Präsentation, Fa. Vision Electric Super Conductors GmbH (02.02.2018).

[19] Erik Marzahn: Supraleitende Kabelsysteme, Fa. Nexans, 3. Braunschweiger Supraleiter Seminar (2008).

[20] RWE Deutschland AG (o.V.): Supraleiter für das Mittelspannungsnetz, Projektinfo 01/2017, Energieforschung konkret, BINE Informationsdienst (2017).

[21] Dr. Delmdahl u.a.: Massenproduktion keramischer Hochtemperatur-Supraleiter mittels Laserabscheiden, Berthold Leibinger Innovationspreis, Photonik Ausgabe 6 (2010). S. 32-35.

[22] Christof Sumereder: Dielektrische Untersuchungen an Tieftemperaturisolationssystemen, Dissertation, Technische Universität Graz (2013).

[23] Dr. Schneider: AmpaCity-Supraleiter-Teststrecke für Essen, RWE Deutschland AG, Präsentation Pressegespräch Essen (2012).

[24] A. Siegel u.a.: Stirling-Kältemaschine für den industriellen Einsatz, Institut für Angewandte Thermodynamik und Klimatechnik, Universität Essen (o.J.).

[25] o.V.: Supraleitende Kabelsysteme, Fa. Nexans Deutschland GmbH, o.O.(o.J.).

[26] P. Krämer u.a.: Supraleitende Strombegrenzer aus YBCO-Bandleitern, Fa. Siemens AG, und TU BS, 4. Braunschweiger Supraleiter-Seminarunterlagen (2009).

[27] James R. White: www.ishn.com, Typical, article artflash,
URL: https://www.ishn.com/articles/96508-arc-flash-iq, Internet.(letzter Aufruf: 18.10.2018).

[28] Michael Tieber: Neue Kabeltechnologien und Kabelprüftechnik, Masterarbeit, Technische Universität Graz (2004).

[29] Jochen Mannhart: Volle Leistung mit kalten Elektronen, Zukunft im Brennpunkt (2006).

[30] o.V.: Neue Technologien bei elektrischen Energiewandlern, TU Darmstadt, Kapitel 2 (O.J.). S.24.

[31] Daniel Schmickler: Hocheffiziente supraleitende Generatoren zur Ertragssteigerung von Laufwasserkraftwerken, 6. Braunschweiger Seminar (2010).

[32] E. Sissimatos: Technik und Einsatz von hochtemperatur-supraleitenden Leistungstransformatoren, Dissertation, Universität Hannover (2005).

[33] Dr. A. Breuer: Einsatz eines HTS*-Kabelsystems in der Innenstadt von Essen, RWE Deutschland AG, Präsentationsfolien, Pressegespräch Hannover (2013).

[34] Dr.-Ing. F. Merschel: Supraleitkabel - eine Alternative für dicht besiedelte Gebiete, Fa. Innogy SE, Workshop Helmut-Schmidt-Universität Hamburg (2017).

[36] Carsten Timm: Quantentheorie 2, Technische Universität Dresden, Institut für Theoretische Physik, Sommersemester (2016).

[37] o.V.: Supraleitung, www.docplayer.org, functional materials, Saarland University, URL: https://docplayer.org/23177320-Functional-materials-saarland-university.html, Internet.(letzter Aufruf: 01.11.2018).

[38] o.V.: Josephson Effekt, www.chemie.de, URL: http://www.chemie.de/lexikon/Josephson-Effekt.html, Internet.(aufgerufen am 01.11.2018).

[39] o.V.: Levitation, www.wikipedia.de, URL:https://de.wikipedia.org/wiki/Levitation_(Technik), Internet.(aufgerufen am 07.01.2019).

Anlagen

A. Glossar

[1]delokalisiert: Ort unbestimmbar

[2]Einkristall: einheitlich aufgebautes Kristallgitter

[3]Wechselwirkung: gegenseitige Beeinflussung

[4]Enthalpie: Wärmeeinhalt oder Erwärmung eines thermodynamischen Systems

[5]Extrusion: hinausstoßen, -treiben

[6]Filament: Fadenwerk

[7]granular: körnig

[8]Kaverne: (künstlich angelegt) unterirdischer Hohlraum

[9]Kohärenzlänge: Betrag zweier Elektronen als Boson (Cooper-Paar)

[10]kollektiv: gemeinschaftlich

[11]konzentrisch: einen gemeinsamen Mittelpunkt besitzen

[12]Kuprat: Kupferoxid (C_uO_2), Keramik

[13]Levitation: Schweben

[14]Pauli-Prinzip: physikalisches Gesetz zur quantentheoretischen Erklärung

[15]Phonon: Anregung eines elastischen Feldes, Gitterschwingung

[16]Quenchen: „löschen", Übergang eines Supraleiters in den normalleitenden Zustand

[17]Skineffekt: inhomogene Stromdichteverteilung an einem Leiter zur Oberfläche

[18]Substrat: Träger biologischer, chemischer oder physikalischer Eigenschaften

[19]Textur: „Gewebe", Aufbau oder auch Zusammensetzung

[20]Tunneleffekt: Überwindung endlicher Potentialbarrieren, z.B. Grund eines α-Zerfalls

B.1

B.1: Meissner-Ochsenfeld-Effekt: Levitation eines ferromagnetischen Körpers (oben) , genutzte Technik für die Levitation eines Magnetschwebezugs [39].

B.2

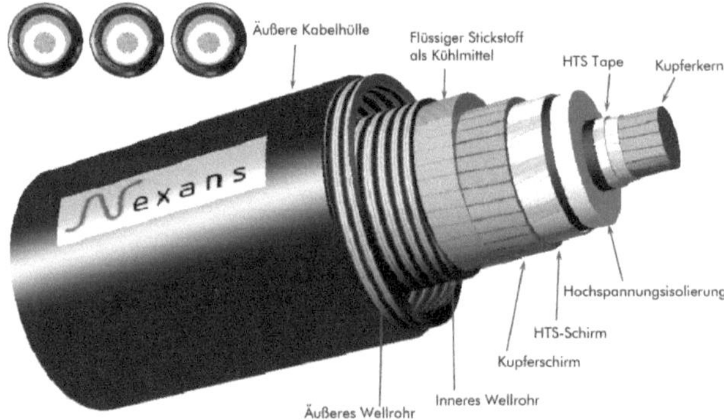

B.2: Kabeldesign und Aufbau eines 1 AC 110 kV-supraleitenden Energiekabels mit warmem Dielektrikum der Fa. Nexans [19: S.6f]

D. Elektrische Konfiguration AmpaCity

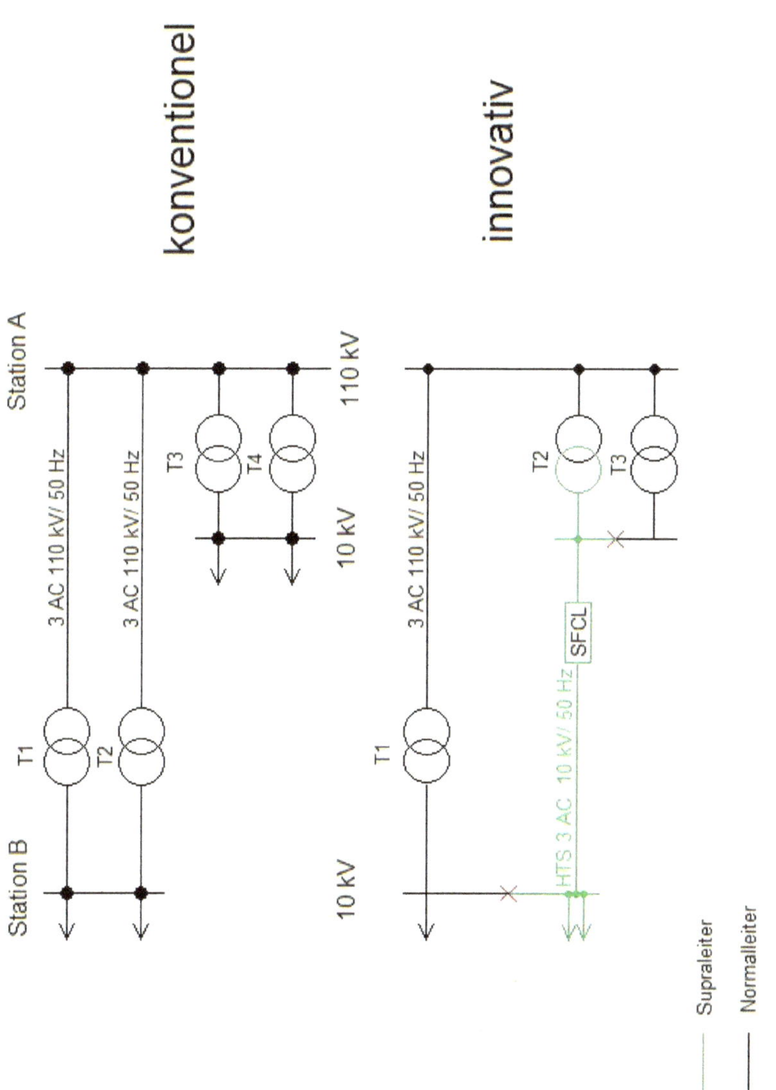

D: Alte und neue Netzstruktur der Projektes AmpaCity (eigene Darstellung, anlehnend an [34: S. 26, 27]).